农业实用技术类

鸡的常见病防治

主　编　屈勇刚
副主编　何高明

中国劳动社会保障出版社

图书在版编目(CIP)数据

鸡的常见病防治/屈勇刚，何高明主编. —北京：中国劳动社会保障出版社，2011

农业实用技术类

ISBN 978-7-5045-9202-6

Ⅰ. ①鸡… Ⅱ. ①屈…②何… Ⅲ. ①鸡病-防治 Ⅳ. ①S858.31

中国版本图书馆 CIP 数据核字(2011)第 150908 号

中国劳动社会保障出版社出版发行

（北京市惠新东街 1 号 邮政编码：100029）

出 版 人：张梦欣

*

中国标准出版社秦皇岛印刷厂印刷装订 新华书店经销

850 毫米×1168 毫米 32 开本 3.5 印张 80 千字

2011 年 7 月第 1 版 2021 年 11 月第 5 次印刷

定价：7.00 元

读者服务部电话：(010) 64929211/84209101/64921644

营销中心电话：(010) 64962347

出版社网址：http://www.class.com.cn

本书编委会

内容简介

本书是农业实用技术丛书中的一种，全书内容分为两篇：基础篇主要以问题的形式，介绍了鸡病防治中的基本常识、基本技术；疾病防治篇介绍了鸡常见的传染病、寄生虫病和普通病的流行特点、诊断要点及防治措施等。

本书可为鸡的饲养者提供较全面的常见鸡病防治技术指导，便于查阅，也可供相关农业技术人员参考。

目 录

基础篇

疾病防治篇

基 础 篇

1. 鸡病的概念是什么？

由直接或间接的各种因素（营养、环境、管理、病原）造成整个鸡群偏离健康状态，使鸡的生理机能紊乱，鸡表现症状或不表现明显症状，生产性能都下降，如产蛋率下降，出栏时间的延长等，均属于疾病。它既包括对生产影响较大的传染性疾病，也包括非传染性疾病。

2. 当前鸡病主要有哪些？

当前鸡病多种多样，根据病因可以将其分为传染病、寄生虫病和普通病三类。

（1）传染病。由病原微生物引起，具有一定潜伏期和临床表现，并具有传染性的疾病。传染病是对养鸡业影响较大的一类疾病。

目前，对生产影响较大的传染病有新城疫、禽流感、传染性支气管炎、传染性法氏囊病、马立克氏病等免疫抑制性疾病，同时还有大肠杆菌病、沙门氏菌病、慢性呼吸道病等。

（2）寄生虫病。寄生虫病是指由于体内或体外寄生虫寄生于机体，对健康或生产性能造成一定影响的疾病。寄生虫的寄生通常会造成机体的机械性损害；寄生虫掠夺营养物质，造成机体营养不良；寄生虫在鸡体内分泌毒素，导致发生中毒；寄生虫的寄生还会引起免疫器官的损伤，而导致免疫失败。

影响比较大的寄生虫病有球虫病、蛔虫病、绦虫病、吸虫病、盲肠肝炎，以及羽虱、螨等体外寄生虫感染。

（3）普通病。普通病是指由非生物性致病因素引起的一类疾病，习惯上将传染病和寄生虫病以外的其他疾病称为普通病。

养鸡生产中常见的普通病以营养代谢病（如维生素缺乏症、硒缺乏症等）和中毒性疾病较为多见。

3. 与鸡疾病发生相关的因素有哪些？

除了细菌、真菌、病毒等病原体和寄生虫外，环境因素、营养因素、管理因素等，常常会直接或间接导致鸡病的发生。养鸡生产中，几种因素相互协同致病的现象比较多见（图1）。

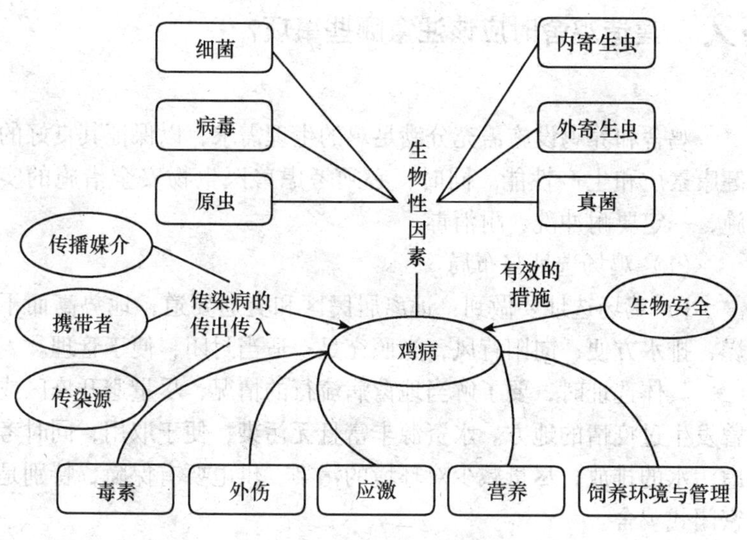

图1 鸡疾病相关因素

4. 什么是兽医生物安全?

兽医生物安全是指采取必要的措施切断病原体的传入途径，最大限度地减少各种物理性、化学性和生物性致病因子对动物群造成危害的一种生产体系。

养鸡生产中，单靠疫苗免疫和药物防治很难达到理想的防病效果，必须从场区规划、生产管理等多方面着手，采取有效的兽医生物安全措施。

5. 建造鸡舍时应该注意哪些事项?

鸡舍和养鸡设施需充分满足鸡的生理需求，以保证其良好的健康素质和生产性能。同时，必须考虑兽医生物安全措施的实施，一定要耐冲洗、耐消毒。

(1) 鸡场选址与布局

1) 鸡场选址要做到：远离居民区和交通要道；地势高而干燥，排水方便；向阳背风，光照充足；适当封闭，便于管理。

具体选址时，要了解当地禽病流行的情况，尽量避开疫区或曾发生过疫情的地方。水资源丰富且无污染，便于取用，同时考虑污水的排放，尽量减少对环境的污染。供电要有保障，特别是密闭式鸡舍。

2) 鸡场布局要做到：分区管理，分批饲养。

实际操作中，要将生产区与非生产区分开，非生产区和水源要保持干净卫生，布局于鸡场的上风向；粪场等污染区域建于鸡场的下风向。设立运粪便、淘汰鸡、病死鸡的脏道和运送饲料及

非污染物品的净道，两种道路要完全分开，不能交叉。育雏舍与育成舍分开，育雏舍布局于鸡场的上风向。不同批次的鸡应分开饲养，分群管理，防止交叉感染。

（2）建造方式。鸡舍建造的原则是经济适用，不求排场；充分考虑采光、防寒、避暑；保证良好的通风和换气；便于生产操作和疾病防控。

建造鸡舍时可以选择四周无窗，采用人工光照，机械通风换气的封闭式鸡舍，也可以选择普通的开放式鸡舍。两种鸡舍各有利弊，封闭式鸡舍的温度、湿度等比较恒定，容易控制，但建造和运行的成本较高；开放式鸡舍的建造和运行成本低廉，不需要很高的技术含量，其缺点是受外界环境的影响较大。

（3）通风换气。养鸡生产过程中会产生大量的污浊气体和水蒸气，如果这些污浊的气体和水蒸气不能及时排到鸡舍外，将会严重地影响鸡的健康。正常生产中要保证舍内氨气不超过20 毫升/立方米，硫化氢不超过 10 毫升/立方米，二氧化碳不超过 0.15% 。良好的通风是换气除湿的有效措施，生产中可以根据鸡舍实际情况选用自然通风、机械通风或者考虑两者结合使用。

自然通风主要通过窗户、气窗或换气孔将鸡舍内的污浊气体和水蒸气排到舍外。为保证换气效果，一般进气口布置在鸡舍靠下位置，出气口布置在鸡舍的上方（要注意防水、防雨雪）。进气口气流不要正对鸡只，不能太快，也不能正对出气口，最好使气流在进气口和出气口之间形成“S”状。如果设计科学，自然通风能达到比较理想的效果，且成本低廉。在我国北方地区，如果选用自然通风，必须考虑冬季严寒和通风换气的矛盾，换气时必须保证鸡舍内的温度不能太低。

机械通风是人工通过风机实施通风换气，主要适用于封闭式鸡舍和半封闭鸡舍。常用的机械通风方式有：负压通风（靠风机抽出舍内污浊气体，形成负压，新鲜空气自动进入舍内）、正压通风（排风机将舍外新鲜空气强制送入舍内）、零压通风（送风与排风同时进行）。机械通风的优点是通风换气彻底、起效较快，缺点是要有专门的设施，鸡舍建造要求较高，投资成本较高。

（4）光照。光照对不同品种、各种日龄段的鸡都非常重要，舍饲养鸡必须考虑。建议在鸡舍内每10平方米布置一个光源。

（5）防暑御寒。屋顶是整个鸡舍中与外界热交换较多的区域，在建造鸡舍时必须选用适当的材料做屋顶，要考虑保温、隔热、防水。墙体的建造也必须考虑防暑御寒，比如墙体的厚度、材质，窗户的大小、布局、多少等。

6. 怎样才能切断疫病的传播？

（1）进出鸡场、鸡舍严格管理。进入养鸡场和生产区的所有交通工具必须通过消毒池，并由专人对车辆的各个部位做喷雾消毒。池中的消毒药要定期更换。每次进鸡苗、转栏、卖鸡所用的笼具要严格消毒。如为简易鸡舍，建议在门口设置简易消毒池，或放置2~3层麻袋片，用消毒水浸湿，并及时更换。

（2）把好引种进雏关。为避免病原入侵，鸡苗应来自种鸡质量好、鸡场防疫严格、出雏率高的厂家。一定要与信誉好的厂家签订供雏合同，明确质量，接雏时认真选择，并了解育雏过程中的饲养管理及防病情况，做到心中有数。

（3）实行“全进全出”饲养制度。实行“全进全出”饲养制度，可使全养鸡场每批都有一段空闲时间集中进行彻底清理和消毒。如果在同一时间需要饲养不同批次的鸡，应该严格分群、分批次管理，以免造成交叉感染。

(4) 加强鸡舍的管理。鸡群转出或淘汰后，鸡舍需要彻底清扫、消毒，杀死鸡舍可能的细菌、病毒和寄生虫，并空舍一定时间（建议不能低于 2 周），以减少不同批次鸡群之间的疾病传播。

1）机械清扫。做好机械清扫工作，可将 90% 左右的病原清出鸡舍。机械清扫工作的好坏还会直接影响到后面的消毒工作。清扫时，先将鸡粪运出，彻底打扫干净。再按照从上到下、从里到外的顺序对整个鸡舍进行清扫。

2）冲洗。根据设施情况，对可以冲洗的鸡舍进行冲洗。冲洗鸡舍的同时，冲洗用具，如饮水器具、料槽或料桶等。冲洗时遵循先上后下、先里后外的原则，不留"死角"，彻底冲洗。冲洗后再消毒，会大大提高消毒效果。

3）消毒。冲洗完毕，可以对饮水器具、料槽或料桶等用具进行消毒（用消毒液浸泡至少 30 分钟以上）。日照条件较好的地区，可以暴晒数小时。

笼具、地面等耐高温部位可采用火焰消毒。火焰消毒温度较高，可彻底杀灭各种微生物及虫卵。鸡舍墙壁消毒可以用石灰乳粉刷来进行，既达到消毒效果，又起到美观作用。

对鸡舍内设施和器具消毒完毕，封闭鸡舍，用甲醛对整个鸡舍进行熏蒸。甲醛使用浓度为 30 毫升/立方米，熏蒸时间在 24 小时以上。进鸡前 1 ~ 3 天可进行通风换气，并对熏蒸的残留药品清理和冲洗。为了提高熏蒸效果，可以适当提高舍内温度。

(5) 疫病处置无害化。疫病处置无害化是中小型养鸡场搞好防疫不可或缺的一环。对疫病要做到早发现、早隔离、早诊断、早治疗，防止病原扩散与传播。无治疗价值的鸡要进行无害化处理。重大疫病应早报告、早封锁、早扑杀。

(6) 养鸡过程中的消毒。要及时清理鸡粪，如果清理不及时，特别是在发生腹泻病的时候，舍内有害气体会严重超标。清理完鸡粪后，可以撒上适量生石灰。

定期对鸡舍进行消毒，特别是在发生呼吸道疾病的时候，要对空气进行消毒，选用可以带鸡消毒的消毒药品，建议采用2～3种不同种类的消毒药品（化学成分要不同），并定期更换，避免耐药性的产生。

7. 怎样制定一个科学的鸡病免疫程序？

一般免疫程序的制定，最好根据当地鸡传染病流行情况、生产周期的长短、经济用途的差异而定。生产中不能照搬任何现成的书籍或宣传资料，可以参考已有的免疫程序，在此基础上制定适用于本鸡场的鸡病免疫程序。以下鸡病免疫程序仅供参考。

（1）商品蛋鸡参考免疫程序

1日龄：预防马立克氏病，用马立克氏病双价苗。使用方法：颈部皮下注射0.2毫升。用单价苗或发病严重鸡场可用2次免疫方法，即在10日龄重复免疫1次，可明显降低发病率。

7日龄：预防新城疫、传染性支气管炎，用新城疫—传染性支气管炎二联活疫苗（Lasota株+H120株）。使用方法：滴鼻、点眼，同时注射0.2毫升油乳剂灭活疫苗。

14日龄：预防法氏囊炎，用中毒株疫苗（法倍灵）。使用方法：滴口。

18日龄：预防高致病性禽流感，用油乳剂灭活苗0.3毫升。使用方法：肌肉注射。

21日龄：预防新城疫、传染性支气管炎，用新城疫—传染性支气管炎二联活疫苗（Lasota株+H120株）。使用方法：活苗2羽份饮水。

28日龄：预防法氏囊炎，用中毒株法氏囊炎疫苗（法倍

灵)。使用方法：饮水给予。

35 日龄：预防鸡痘，翅下刺种（半个剂量）。

45 日龄：预防高致病性禽流感，用油乳剂灭活苗 0.5 毫升。使用方法：肌肉注射。

50 日龄：预防传染性喉气管炎（没有发生的鸡场不用），用鸡传染性喉气管炎活疫苗。使用方法：滴鼻、滴眼、滴口。

60 日龄：预防新城疫、传染性支气管炎，用新城疫—传染性支气管炎油乳剂灭活苗（小二联）0.5 毫升。使用方法：肌肉注射。

70 日龄：预防传染性鼻炎，用鸡传染性鼻炎灭活疫苗 0.5 毫升。使用方法：肌肉注射。

80 日龄：预防鸡痘，翅下刺种 1 个剂量。

95 日龄：预防传染性喉气管炎（没有发生的鸡场不用），用鸡传染性喉气管炎活疫苗。使用方法：滴鼻、滴眼、滴口。

105 日龄：预防传染性鼻炎，用鸡传染性鼻炎灭活疫苗 0.5 毫升。使用方法：肌肉注射。

110 日龄：预防新城疫、鸡传染性支气管炎、减蛋综合征，用新城疫—传染性支气管炎—减蛋综合征油乳剂灭活苗（大三联）0.5 毫升。使用方法：肌肉注射。

120 日龄：预防高致病性禽流感，用油乳剂灭活苗 0.5 毫升。使用方法：肌肉注射。

（2）商品肉鸡参考免疫程序

1 日龄：孵化出壳 24 小时内，马立克疫苗 1 羽份皮下注射。

7 日龄：预防新城疫、传染性支气管炎，用新城疫—传染性支气管炎二联活疫苗（Lasota 株 + H120 株）。使用方法：滴鼻、点眼，同时注射 0.2 毫升油乳剂灭活疫苗。

14 日龄：预防法氏囊炎，用中毒株疫苗（法倍灵）。使用方法：滴口。

18 日龄：预防高致病性禽流感，用油乳剂灭活苗 0.3 毫升。使用方法：肌肉注射。

21 日龄：预防新城疫、传染性支气管炎，用新城疫—传染性支气管炎二联活疫苗（Lasota 株 + H120 株）。使用方法：活苗 2 羽份饮水。

28 日龄：预防法氏囊炎，用中毒株法氏囊炎疫苗（法倍灵）。使用方法：饮水给予。

45 日龄：预防高致病性禽流感，用油乳剂灭活苗 0.5 毫升。使用方法：肌肉注射（适用于生长周期较长的肉鸡品种）。

8. 选购疫苗时应该注意哪些事项？

（1）选地方。建议到有经营资质的兽药店、兽医院、兽医站采购疫苗。不要贪图便宜，到非法经营的机构购买疫苗。

（2）看包装。合格的疫苗外包装符合《兽药标签和说明书管理办法》（农业部令 22 号）的规定，外包装上有明确的名称、批准文号、生产日期、包装剂量、生产厂址等。

（3）检查有效期。再好的疫苗都有一定的有效期，购买时一定要查看所购买的疫苗是否在有效期内。超出有效期的疫苗很有可能已经失效，不能使用。

（4）留意疫苗保管条件。鸡用疫苗包括很多种，根据制作方法的不同可以分为冻干疫苗（干粉状）和灭活疫苗（液体状）。两种疫苗的保存条件是不一样的，冻干疫苗要冷冻保存，最好冷冻在医用冰箱或冰柜中；灭活疫苗要冷藏保存，不能冷冻。很多灭活疫苗经过冷冻后可能会大大降低免疫效果，甚至完全失效。

（5）查看疫苗状态。检查疫苗瓶是否完好；瓶塞是否松动；

疫苗是否已经变质；油乳剂灭活疫苗是否发生了分层（分层的疫苗不能使用）。

9. 冻干疫苗怎样稀释？

（1）所需材料：疫苗（购买时按照每只 1.1 ~ 1.2 羽份计算）、疫苗稀释液（或灭菌生理盐水）、灭菌的 5 ~ 10 毫升注射器、滴瓶。

（2）稀释过程：先用注射器抽取 5 毫升疫苗稀释液（或灭菌生理盐水），注入疫苗瓶中，使疫苗充分溶解。1 000 羽份每瓶的疫苗，用注射器抽出 2.5 毫升，分别转入 2 个滴瓶，并补加 20 ~ 22.5 毫升疫苗稀释液（或灭菌生理盐水）。500 羽份每瓶的疫苗，用注射器抽取全部液体，转入到 1 个滴瓶中，再补加 17.5 ~ 20 毫升的疫苗稀释液（或灭菌生理盐水）。

10. 常用的鸡病免疫方法有哪些？

（1）滴鼻点眼法。免疫时在鸡的眼睛、鼻孔各滴一滴稀释好的疫苗。滴鼻时可用手指堵住一侧鼻孔，再对侧鼻孔滴入疫苗，让鸡自然吸入。此法操作简单，产生的抗体均匀度较好，免疫效果相对可靠。鸡新城疫、传染性支气管炎等传染病常用该方法来首次免疫。建议在滴鼻免疫所用的疫苗中加入抗生素，以减少呼吸道疾病的发生。

（2）肌肉注射法。冻干疫苗用注射法免疫时，首先要计算用量，用灭菌生理盐水稀释后，进行注射。一般按每只鸡 0.5 ~ 1 毫升的剂量进行计算。注射部位应选取鸡体肌肉丰满的地方，一般选取腿部外侧、胸肌。注射腿部应选在腿外侧无血管处，顺着腿骨方向刺入，避免刺伤血管神经；注射胸部应将针头顺着胸骨方向，选中部并倾斜 30 度刺入，防止垂直刺入伤及内脏。

（3）皮下注射法。此法多用于马立克疫苗接种。一般选取颈部皮下注射。注射时将皮肤提起，用注射器直接刺入，注入疫苗。

（4）刺种法。这种免疫方法多用于预防鸡痘。按照疫苗说明将疫苗生理盐水稀释后，用专用的刺种针蘸取疫苗，在鸡翅膀内侧无血管处直接刺入。

（5）气雾免疫法。该方法是将疫苗稀释后，用专用设备或喷雾器雾化，让鸡吸入体内而达到免疫作用。1 000 羽份的疫苗可用无菌蒸馏水稀释至 150 ~ 300 毫升，免疫时用量加倍。气雾免疫省事、省力，且效果较好，但是容易造成呼吸道感染。建议加入抗菌药物，以减少呼吸道疾病的发生。

（6）饮水免疫法。直接将疫苗溶于水中，让鸡自由饮用。该方法对鸡产生的应激较小，但免疫的均匀度较差。在饮水免疫前 3 小时（夏季 2 小时）停供饮水，增加鸡的饮水欲望，以便在短时间内将疫苗饮用完毕，一般以 1 个小时左右为宜。采用此法免疫时，建议加入 0.1% 的脱脂乳。

11. 鸡病免疫中的其他注意事项有哪些？

饮水免疫时在每千克饮水中加 1 ~ 2 克脱脂乳，可以保护疫苗，提高免疫效果。但在滴鼻点眼免疫时，不建议加入脱脂乳。

在疫苗稀释液中不要随意添加电解多维，因为有些电解多维的酸碱性会影响疫苗活力。如需添加抗生素或抗菌药物，可以咨询兽医。

12. 鸡常用的给药方法有哪些?

(1) 饮水给药法。该方法主要适用于易溶于水的药物，浪费较少，效果相对较好。饮水给药前，对鸡群应停水2小时左右，将药物用少量干净饮用水充分溶解后，让鸡自由饮用。

(2) 拌料给药法。此法多用于饲喂粉料的鸡群，简便易行，切实可靠，适用于长期投药，特别是不溶于水的药物，但浪费相对较大。给药时，将药物均匀混入饲料中，让鸡自由采食。拌料给药时一定要注意将药物与饲料混合均匀，否则会引起中毒或降低疗效。特别是在饲喂颗粒料时，药物很难与饲料混合均匀，非常容易引起中毒。可以将药物与适量玉米粉混合，取少量饲料并用水喷湿，然后混匀，再将其与要加入的饲料充分混匀饲喂。

(3) 气雾给药法。该法是将药物雾化后，让鸡通过呼吸道吸入药物。由于鸡肺泡面积大，并有丰富的毛细血管，药物吸收快，起效迅速，不仅起到局部给药效果，同时经肺部吸收后产生全身作用，是一种非常好的给药方法。特别是在治疗上呼吸道感染疾病时，效果甚好。气雾给药时，选择的药物应该对鸡呼吸道无刺激性，并能充分溶解；溶解用的水应该干净，最好是除过菌的水，或者凉开水；气雾微粒的大小不能太大，雾化效果一定要好，一般雾滴以0.5~5微米为宜。

(4) 外部给药法。此给药方法多用于鸡体外寄生虫病或其他病原微生物感染，常用药浴、熏蒸等方法。

(5) 肌肉注射法。此法多选择肌肉比较丰满、操作方便的部位，直接用注射器将药物注射到鸡体。常选择的部位有胸肌、大腿外侧等。肌肉注射的优点是吸收速度较快，全群给药比较均匀、可靠。缺点是操作烦琐，容易引起继发感染。除非万不得已，建议一般不使用该方法。

13. 给鸡用药时应注意哪些事项？

药物只是治疗、控制疾病的一种手段。在当前形势下，鸡病发生的原因较多，除了疾病因素以外，环境因素、管理因素等也是疾病发生和流行的重要原因。因此，单靠药物不能解决所有问题，在合理用药的同时，还应考虑采用兽医生物安全措施。

（1）正确的诊断是合理用药的前提，错误的诊断往往会严重影响药物的疗效，进而延误病情。

（2）要保证足够的剂量和疗程。剂量不够、疗程不足会直接影响到治疗效果。另外，长期的低剂量治疗可以诱导病原微生物产生耐药性。相反，剂量过大，用药时间过久，很容易造成中毒。

（3）用药时注意药物在鸡体内的残存期。在用药后一定时期内，药物的原形及某些代谢产物会残留于鸡肉及其产品中，被人食入后会造成危害，因此在产蛋期及饲养后期要严格参照药物残留期，及时停用有关药物。

（4）坚持“防重于治，中西结合”的原则。要坚持预防性用药，提倡以纯中药预防为主，因为中药抗原微生物的范围较广，且不易产生耐药性，有很好的调理作用。采取中西药结合，往往会取得较好的效果。

（5）使用药物治疗的同时注意调理机体。发病时，机体的抵抗力会大大降低，采食量和饮水量的不足会直接影响药物的治疗作用。同时，长时间用药时，药物的毒副作用也会对机体造成影响。因此，建议在用药物治疗的同时，配合维生素、葡萄糖，以及其他能够调理或提升机体机能的药物，往往会达到事半功倍

的效果。

（6）用药的同时，加强兽医生物安全的观念。要确立饲养管理、兽医生物安全是养殖成败关键的理念，在合理用药的同时必须加强管理，树立兽医生物安全意识，从根源上杜绝疾病的发生和流行。

疾病防治篇

一、传 染 病

1. 新城疫

新城疫也称亚洲鸡瘟或伪鸡瘟，是由鸡新城疫病毒引起的鸡和火鸡的一种急性、高度接触性传染病，多为败血症症状。其特征是：呼吸困难，下痢，神经紊乱，全身黏膜和浆膜出血。

◆流行特点

1）本病一年四季都可发生，但以春、秋两季较多。

2）鸡、火鸡、鹌鹑、鸽子、鸭、鹅等多种家禽及野禽均易感，各种日龄的禽类均会感染。非免疫易感鸡群感染时，发病率、死亡率可高达 90% 以上；免疫效果不好的鸡群感染时症状不典型，发病率、死亡率较低。

3）本病传播途径主要是消化道和呼吸道。传染源主要为感染禽及其粪便和口、鼻、眼的分泌物。被污染的水、饲料、器械、器具和带毒的野生飞禽、昆虫及有关人员等均可成为主要的传播媒介。

◆诊断要点

1）用抗生素或抗菌药治疗无效，或不能显著地控制病情，发病急、死亡率高。

2）体温升高、极度精神沉郁、呼吸困难、食欲下降。

3）粪便稀薄，呈黄绿色或黄白色。

4）发病后期可出现各种神经症状，多表现为扭颈、翅膀麻痹等。

5）在免疫鸡群表现为产蛋量下降。

6）全身黏膜和浆膜出血，呼吸道和消化道最为严重。

7）腺胃黏膜水肿，乳头和乳头间有出血点（图2）。

8）盲肠扁桃体肿大、出血、坏死（图2）。

9）十二指肠和直肠黏膜出血，有的可见纤维素性坏死病变，十二指肠常见到岛屿状小枣核样出血（图2）。

10）脑膜充血和出血；鼻道、喉、气管黏膜充血，偶有出血；肺可见淤血和水肿。

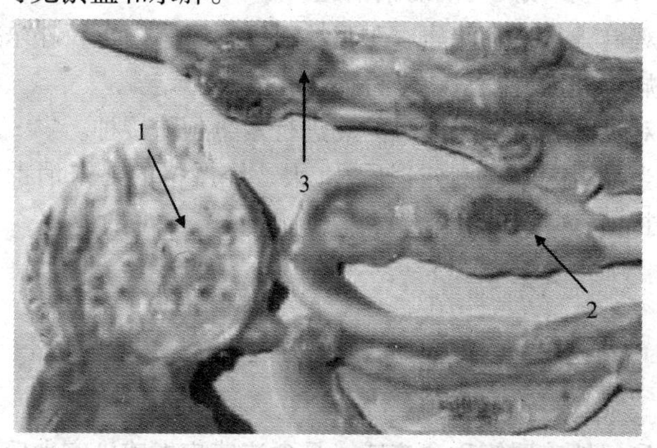

图2 新城疫

1—腺胃乳头出血 2—小肠小岛屿状出血、坏死 3—盲肠扁桃体肿大

◆防治措施

1）平时的预防措施

①禁止从有此病的地区和鸡场购鸡，同时饲养员家里也不准养鸡，禁止收购淘汰鸡的人员进入鸡舍，对鸡舍、用具等要经常进行消毒。

②预防接种。目前所用疫苗有活毒苗和灭活苗两类：

活毒苗有：新城疫Ⅰ系苗，中等毒力，用于2月龄以上鸡的注射免疫或刺种；新城疫Ⅱ系、新城疫Ⅲ系、新城疫F系、新城疫Ⅳ系（Lasota株）、克隆化（N—79型）Lasota和克隆—30，弱毒，用于滴鼻、点眼、饮水及气雾免疫。

灭活苗：免疫力强而持久，适用于各种年龄的鸡。

进行免疫时应注意：首先，疫苗接种的量要保证。滴鼻、点眼、注射要有足够的免疫剂量。当然，疫苗的质量及有效期要绝对合乎标准。其次，饮水免疫时，稀释疫苗的水源要不含消毒剂。最好用蒸馏水，或加入脱脂乳（0.1%）。

2）发生新城疫时的防治措施

①鸡群一旦发生此病，对鸡场封锁，紧急消毒，扑杀疫点内所有的病鸡和同群鸡只，进行无害化处理。

②对疫区和受威胁地区的鸡进行紧急预防接种。

③当最后一个病例处理后21天，经严格的终末消毒后，方可解除封锁。

2. 禽流行性感冒

禽流行性感冒简称禽流感，是禽流感病毒感染家禽后引起的各种综合征，从无临床症状感染到呼吸道疾病、产蛋量下降，甚至死亡率接近100%的严重全身性疾病。最后一种病型称为高致病性禽流感（HPAI），而其他各种统称为中、低致病性禽流感（MPAI）。高致病性禽流感又称为“真性鸡瘟”，与中、低致病性禽流感在致病性上有明显的不同。

◆流行特点

1）本病无明显的季节性，但以冬、春季节多发。

2）不同品种和日龄的禽类均可感染，高致病性禽流感发病急、传播快，致死率可达100%。

3）病禽和带毒禽是主要的传染源。鸭、鹅和其他野生水禽在本病的传播中起重要作用，候鸟在本病的传播中也起一定

作用。

4）本病的传播途径为气源性呼吸道传播和排泄物、分泌物污染经口传播。

◆诊断要点

1）低致病性禽流感

①扎堆、羽毛松乱、精神不振、饲料和饮水的减少，间或下痢。

②咳嗽、打喷嚏、啰音、喘鸣、流泪等，轻度乃至严重的呼吸道临床症状。

③产蛋量下降，或产异形蛋，或蛋壳颜色变淡。

④呼吸道，尤其是窦的损害，以卡他性、纤维素性、脓性炎症为主。

⑤气管黏膜水肿、充血，间有出血，有浆液性到干酪性不等的渗出物。

⑥盲肠、小肠可见卡他性到纤维素性炎症。

⑦有时可见腹膜炎。

⑧肾脏肿大，尿酸盐沉积。

⑨胰脏可见白斑。

2）高致病性禽流感

①急性发病死亡或不明原因死亡，潜伏期从几小时到数天，最长可达21天。

②脚鳞出血。

③鸡冠出血或发绀、头部和面部水肿。

④产蛋量突然下降。

⑤消化道、呼吸道黏膜广泛充血、出血；腺胃黏液增多，可见腺胃乳头出血，腺胃和肌胃之间交界处黏膜可见带状出血。

⑥心冠及腹部脂肪出血。

⑦输卵管的中部可见乳白色分泌物或凝块；卵泡充血、出

血、萎缩、破裂，有的可见“卵黄性腹膜炎”。

⑧脑部出现坏死灶、血管周围淋巴细胞管套、神经胶质灶、血管增生等病变；胰腺和心肌组织局灶性坏死。

◆防治措施

1）采取兽医生物安全措施。

2）疫苗免疫接种，建议使用正规厂家生产的禽流感多价灭活疫苗。

3）采取隔离、封锁、扑灭销毁、环境消毒等措施。

3. 传染性法氏囊病

传染性法氏囊病又称甘布罗病、传染性腔上囊炎，是由双RNA病毒科禽双RNA病毒属病毒引起的一种急性、高度接触性和免疫抑制性的禽类传染病。我国将其列为二类动物疫病。

◆流行特点

1）主要感染鸡和火鸡，鸭、珍珠鸡、鸵鸟等也可感染。火鸡多呈隐性感染。在自然条件下，3～6周龄鸡最易感。本病在易感鸡群中发病率在90%以上，甚至可达100%，死亡率一般为20%～30%。与其他病原混合感染时或超强毒株流行时，死亡率可达60%～80%。

2）本病流行特点是无明显季节性、突然发病、发病率高、死亡曲线呈尖峰式；如不死亡，发病鸡多在1周左右康复。

3）本病主要经消化道、眼结膜及呼吸道感染。在感染后3～11天排毒达到高峰。由于该病毒耐酸、耐碱，对紫外线有抵抗力，在鸡舍中可存活122天，在受污染饲料、饮水和粪便中52天仍有感染性。

◆诊断要点

1）临床表现为昏睡、呆立、翅膀下垂等症状；病鸡以排白色水样稀便为主，泄殖腔周围羽毛常被粪便污染。

2）感染发生死亡的鸡通常呈现脱水，胸部、腹部和腿部肌肉常有条状、斑点状出血，死亡及病程后期的鸡肾肿大，尿酸盐沉积。

3）法氏囊先肿胀、后萎缩。在感染后2～3天，法氏囊呈胶冻样水肿，体积和重量会增大至正常的1.5～4倍。偶尔可见整个法氏囊广泛出血，如紫色葡萄。感染5～7天后，法氏囊会逐渐萎缩，重量为正常的1/5～1/3，颜色由淡粉红色变为蜡黄色；但法氏囊病毒变异株可在72小时内引起法氏囊的严重萎缩。感染3～5天的法氏囊切开后，可见有大量黄色黏液或奶油样物，黏膜充血、出血，并常见有坏死灶。

4）感染鸡的胸腺可见出血点；脾脏可能轻度肿大，表面有弥漫性的灰白色的病灶。

◆防治措施　实行“以免疫为主”的综合性防治措施。

1）加强饲养管理，提高环境控制水平。养鸡场实行全进全出的饲养方式，控制人员出入，严格执行清洁和消毒程序。

2）加强消毒管理，做好基础防疫工作。各养鸡场、屠宰厂（场）、动物防疫监督检查站等要建立严格的卫生（消毒）管理制度。

3）免疫。根据当地流行病史、母源抗体水平、鸡群的免疫抗体水平监测结果等合理制定免疫程序、确定免疫时间及使用疫苗的种类，按疫苗说明书要求进行免疫。

必须使用经国家兽医主管部门批准的疫苗。

4. 禽白血病

禽白血病是由禽白血病/肉瘤病毒群中的病毒所引起的禽类（主要是鸡）多种肿瘤性疾病的总称。在自然条件下，以淋巴白血病最为常见，其他如成髓细胞白血病、成红细胞白血病、髓细胞瘤、纤维瘤和纤维肉瘤、肾母细胞瘤、血管瘤、骨石症等出现的很少。

◆流行特点

1）禽白血病在自然条件下，只有鸡被感染。而劳斯肉瘤病毒的宿主范围较广。本病常见于4~10月龄的鸡，年龄越小，对白细胞增生病毒的易感性越高。一般母鸡的易感性比公鸡高，不同品种或品系的鸡对病毒感染和肿瘤发生的抵抗力差异很大。6~8周龄期间的鸡对J亚型禽白血病的水平感染极为敏感。

2）传染来源主要是病鸡和带毒鸡。尤其是带毒鸡在传播本病毒中起着重要的作用。

①有病毒血症的母鸡，本身没有症状而其产下的鸡蛋常带有病毒。母鸡整个生殖系统有病毒繁殖，输卵管的病毒浓度最高，特别是蛋白分泌部。

②先天性感染的雏鸡常有免疫耐受现象，它不产生抗肿瘤病毒抗体，长成母鸡后，长期带毒排毒。

③鸡蛋中带毒，孵出的雏鸡带毒，它再与健康雏鸡密切接触时，可以扩大传播到整个鸡群。

④雏鸡在2周龄以内感染这种病毒后，发病率、死亡率很高，残存的母鸡产下的蛋带有病毒比例很高。4~8周龄的雏鸡感染后，发病死亡数大大降低，其产下的蛋也不带毒。10周龄以上的鸡则可不发病，其蛋也不带毒。

3）该病既可以水平传播，也可以垂直传播。

◆诊断要点

1）淋巴白血病的潜伏期长，自然病例可见于14周龄后，通常以性成熟时发病率最高。

2）病鸡可见鸡冠苍白、皱缩，食欲不振，腹泻，消瘦，虚弱，腹部常增大，肿大的肝和法氏囊常可摸到，一旦出现以上症状，不久即会死亡。

3）肉眼可见的肿瘤常发生在肝、脾和法氏囊，其他器官如肾、肺、性腺、心、肠系膜等也见有肿瘤。

肿瘤病变质软平滑闪光，切面呈灰白色或灰黄色，均匀如脂肪样，很少有坏死灶，肿瘤大小不一，可为结节性、粟粒性或弥漫性。肝可比正常增大好几倍，重量也可增加几倍，呈灰白色，质地脆弱，过去称为“大肝病”，是淋巴白血病的一个主要特征（图3）。

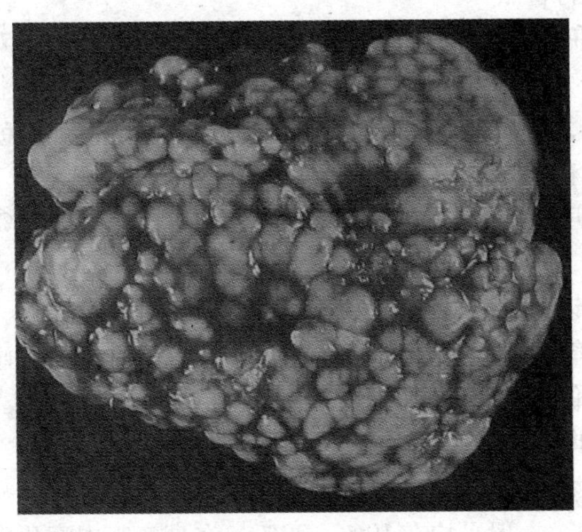

图3　肝脏上形成的肿瘤

4）J亚型禽白血病引起的肿瘤最常见于胸骨下以及肋骨和脊柱上，但也可见于肝脏、脾和肾脏中。

◆防治措施　对本病目前尚无十分有效的药物，主要靠预防来控制。

5. 传染性喉气管炎

传染性喉气管炎是由传染性喉气管炎病毒所引起的鸡的一种急性呼吸道传染病，以呼吸困难，咳嗽，咳出含有血液的渗出物，喉部和气管黏膜肿胀、出血，并形成糜烂为其特征。该病传播快，死亡率较高，在病的早期，患部细胞的胞核内见有包涵体。

◆流行特点

1）在自然条件下，本病主要侵害鸡，各种年龄的鸡均可感染，但以10周龄的鸡和初产母鸡易感，而成年鸡的症状更为典型。野鸡、孔雀和幼火鸡也可感染，其他禽类以及家兔、豚鼠、大白鼠均有抵抗力。

2）病鸡和康复后的带毒鸡是主要传染源，约有2%的康复鸡可带毒，时间长达两年。

3）传播途径主要是呼吸道，也可经眼结膜传播。

4）鸡舍拥挤、通风不良、缺乏维生素A、寄生虫感染等都可诱发和促进此病的传播。

◆诊断要点

1）该病在易感鸡群内传播非常快，感染率90%，病死率为5%～70%，一般平均在10%～20%，在高产鸡中病死率可能还高。

2）急性病鸡鼻孔有分泌物，呼吸时发出湿性啰音，继而咳嗽和喘气，明显呼吸困难（图 4），吸气时头颈向上伸直，眼睛全闭或半闭，伴有咯咯音。咳出带血的黏液，有时死于窒息。

图 4　呼吸困难症状

3）检查口腔，可见喉部黏膜上有淡黄色凝固物附着，不易擦去。病鸡冠发紫，迅速消瘦，排绿色稀粪，最后衰竭死亡。

4）比较缓和的病例，主要表现为流泪，结膜炎，眼结膜充血，眼睑肿胀，眶下窦肿胀。病鸡生长迟缓，产蛋减少。发病率为 2% ~5%，病程长短不一。

5）喉和气管黏膜充血和出血。喉部黏膜肿胀，有出血斑，并覆盖有黏液性分泌物，有的这种渗出物呈干酪样假膜（黄白色，图 5），可能会将气管完全堵塞。

6）轻症病例为眼结膜和眶下窦发生充血和水肿。

◆防治措施

1）加强饲养管理，易感鸡不能与痊愈鸡接触。对新购入的鸡群，应放少量的易感鸡进行混合饲养，经 2 周观察，未见易感鸡发病，方可与原鸡群混养。

2）预防接种。目前用于预防此病的疫苗有三种：

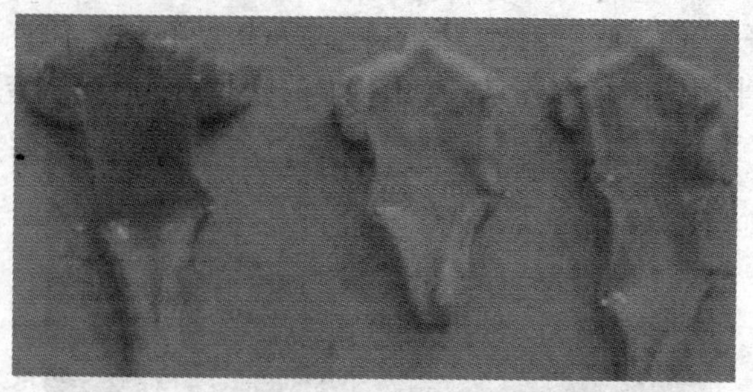

图5　气管黏膜干酪样假膜

①弱毒疫苗。用于滴鼻、点眼。

②强毒疫苗。用于泄殖腔黏膜涂擦接种，如泄殖腔黏膜红肿，即为正确；否则应重接，但该法是在发病后又找不到弱毒苗的情况下才用，因可造成散毒，所以只能用于疫区。

以上两种疫苗用完后，应将空瓶及接种用具进行消毒处理。

③灭活疫苗。该种疫苗安全有效，不造成散毒，但免疫效果一般不太理想。

6. 传染性支气管炎

由传染性支气管炎病毒所引起的鸡的一种急性、高度接触传染性的呼吸道疾病，以咳嗽、喷嚏、呼吸困难和气管啰音为特征。雏鸡还表现流浆液性鼻涕，产蛋鸡出现产蛋量下降和蛋的质量变差。肾病类型表现肾肿大，有尿酸盐沉积。

◆流行特点

1）该病的传染来源主要是病鸡。康复鸡在35天内对易感鸡具有传染性。

2）传染性支气管炎可以通过空气、飞沫经呼吸道传染，也可通过污染的蛋、饲料、饮水、用具等而经消化道传染。

3）本病仅发生于鸡，其他家禽均不感染，所有年龄的鸡都易感，但疾病在雏鸡最严重。腺胃型主要发生于20～80日龄，以30～50日龄为发病高峰。

4）卫生条件不良，拥挤、过热、寒冷、鸡舍通风不良，以及维生素、矿物质和其他营养缺乏等不良诱因可促使此病发生。

◆诊断要点

1）呼吸道症状为主的传染性支气管炎，多发于40日龄以内的雏鸡。常突然发病，出现呼吸道症状，迅速波及全群。病鸡表现喘息、咳嗽，气管啰音，不食，精神委靡、怕冷，也可见到鼻窦肿胀及流泪。稍大日龄鸡感染后，呼吸道症状（喘息及啰音）表现轻微。

2）肾病变型为主的传染性支气管炎，前期可表现出轻微的呼吸道症状，无并发感染时，能很快康复。但接着会出现精神沉郁，羽毛松乱，厌食，饮欲增加，持续排白色或水样下痢，迅速消瘦，雏鸡死亡率为10%～30%。

3）腺胃型为主的传染性支气管炎，表现流泪、肿眼，伴有呼吸道症状，极度消瘦，有拉稀等症状。

4）成年鸡感染传染性支气管炎，其他症状不显，主要表现产蛋量下降，并产软壳蛋、粗壳蛋或畸形蛋（图6），蛋的质量变差，蛋白稀薄如水，蛋黄与蛋白分离。

5）主要病理变化可见在鼻腔、气管和鼻窦中有浆液性、黏性或干酪样分泌物；气管下部及气管处有干酪样栓子；产蛋鸡有卵黄性腹膜炎，输卵管发育不良；肾脏明显肿大（图7），色淡，外观呈斑驳状的“花肾”，肾小管和输尿管充满尿酸盐；腺胃极度肿胀，肿大如球状，腺胃壁极为增厚，腺胃黏膜有出血和溃疡。个别鸡腺胃乳头有出血，胰腺肿大有出血点。

◆防治措施

图6　畸形蛋

图7　肾脏肿大

1）本病尚无特效疗法，应加强管理，注意鸡舍的通风换气，防止过挤，注意保暖，补充维生素和矿物质饲料，增强鸡体抗病力。

2）免疫预防

①弱毒疫苗。目前，我国常用的弱毒苗有 H120 和 H52，H120 适用于初生雏鸡，其毒力较弱，对雏鸡安全；H52 毒力较强，适用于 1 月龄以上的鸡，对呼吸型传染性支气管炎效果好。还有联苗，如 ND—H120 二联苗、ND—H52 二联苗，可供选用。

②灭活苗。传染性支气管炎肾病变型的油乳剂灭活苗，有 ND—IB 二联灭活苗、ND—IB—EDS 三联油乳剂灭活苗，可供选用。

7. 马立克氏病

马立克氏病是由马立克氏病毒感染引起的，以危害淋巴系统和神经系统，引起外周神经、性腺、虹膜、各种内脏器官、肌肉和皮肤的单个或多个组织器官发生肿瘤为特征的禽类传染病。

◆流行特点

1）除了鸡可以自然感染马立克氏病毒外，火鸡、雉鸡、乌鸡、鹌鹑等也可感染。以 2 周龄以内的雏鸡最为易感。该病潜伏期较长，一般 6 周龄以上可出现临床症状，12 ~ 24 周龄最为严重。

2）病鸡和带毒鸡是最主要的传染源，呼吸道是主要的感染途径，羽毛囊上皮细胞中成熟型病毒可随着羽毛和脱落皮屑散毒。病毒对外界抵抗力很强，在室温下传染性可保持 4 ~ 8 个月。

◆诊断要点

1）神经型。主要表现为运动障碍。常常可见腿、翅膀完全或不完全麻痹，表现为“劈叉”式（图 8）、翅膀下垂等症状（图 9）。

神经型马立克氏病常在坐骨神经发生病变，病变神经明显比

图8 “劈叉”式

图9 翅膀下垂

正常神经增粗（图10），神经因肿胀而横纹消失，颜色呈灰白色或淡黄色。

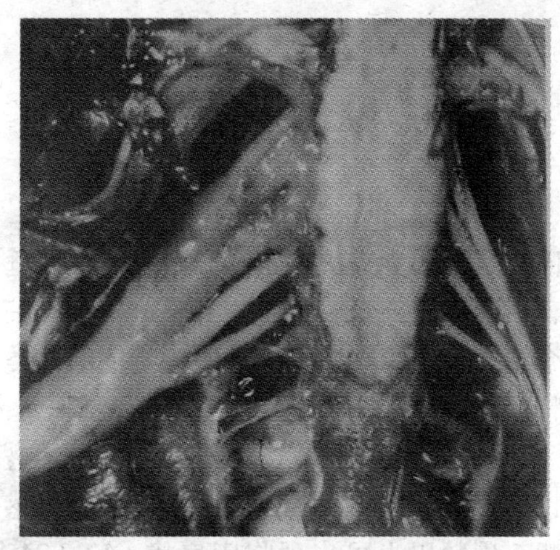
图10 坐骨神经变粗

2）内脏型。常表现极度沉郁，有时不表现任何症状而突然死亡。有的病鸡表现厌食、消瘦和昏迷，最后衰竭而死。

在肝、脾、胰、睾丸、卵巢、肾、肺、腺胃和心脏等脏器经常可以见到结节性或弥漫性肿瘤。

由于肝脏发生肿瘤，质地变脆，当受到惊吓时很容易造成肝脏破裂，进而导致死亡。

3）眼型。主要表现为视力减弱或消失。虹膜失去正常色素，常表现为同心圆状或斑点状。瞳孔边缘不整，严重时瞳孔只

剩下一个针尖大小的孔（图 11）。

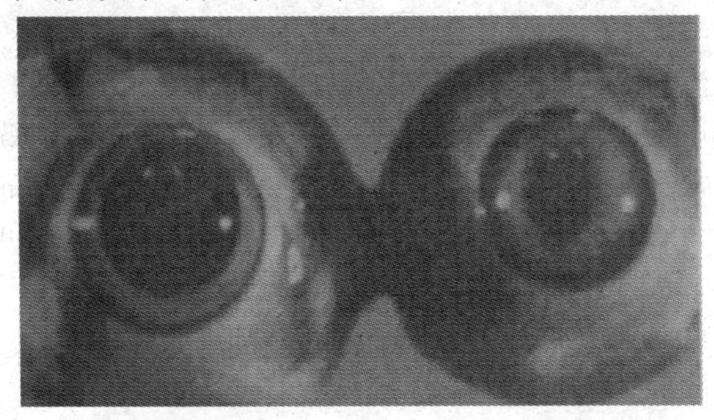

图 11　瞳孔受到侵害而缩小

4）皮肤型。全身皮肤毛囊肿大，肿大程度大小不等，有时融合在一起，形成淡白色结节。多见于大腿外侧、翅膀、腹部等处。

◆防治措施

1）加强饲养管理和消毒工作。要求养鸡场实行“全进全出”饲养方式，加强兽医生物安全措施。控制车辆、人员以及物品的进出，严格执行消毒程序。

2）免疫。应于雏鸡出壳 24 小时内进行免疫。必要时可以在首次免疫的基础上加强免疫。

8. 禽痘

禽痘是由禽痘病毒所引起的禽类的一种接触传染性疾病，通常分为皮肤型和黏膜型。前者以皮肤（头部皮肤）的痘疹继而结痂、脱落为特征；后者可引起口腔和咽喉黏膜的纤维素性坏死性炎症，常形成假膜，故又名禽白喉。也有的两型可同时发生。

病原是禽痘病毒，包括鸡痘病毒、火鸡痘病毒、鸽痘病毒等类型。

◆流行特点　家禽中以鸡的易感性最高，不分年龄、性别和品种都可感染，其次为火鸡，鸭、鹅发病不严重，鸽、鹌鹑、麻雀等也常发痘疹。通过病、健禽的接触，损伤的皮肤和黏膜可发生感染。蚊子及外寄生虫可传播此病。此病一年四季都可发生，但以春、秋两季和蚊子活跃的季节最易发生。鸡舍拥挤、潮湿、通风不良，缺乏维生素和饲管不好等可加重病情。

◆诊断要点

1）皮肤型鸡痘（图 12），病初在鸡冠、肉髯、眼皮、口角和喙角等处出现轻度隆起的微红色小斑点，迅速长成灰白色小结节，进而变为丘疹。痘疹少时只有几个，多的密布于头部，并互相融合，形成大的痘疹。一般无全身症状，病重的小鸡则有精神沉郁，食欲不佳，体重减轻；产蛋鸡产蛋量减少或停止。

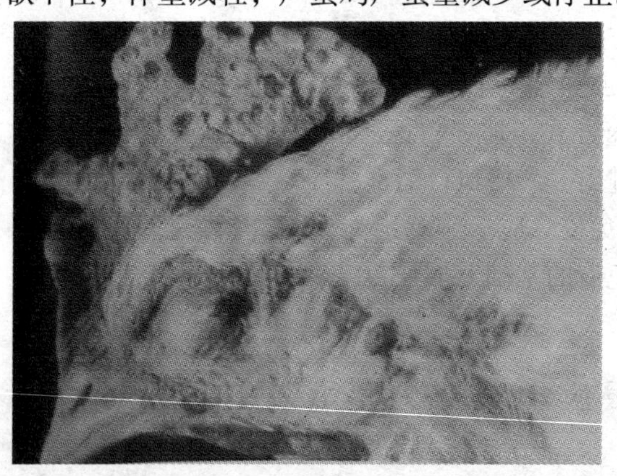

图 12　皮肤型鸡痘

2）黏膜型鸡痘（图 13），又称白喉，多发于小鸡和中鸡，病死率高，小鸡可达 50%。病初表现鼻炎症状，流浆液性黏液

到脓性的鼻汁。2~3 天后，在口腔、咽喉部的黏膜上发生痘疹，初呈圆形黄色斑点，逐渐扩散形成一层黄白色干酪样的假膜，且不易脱落。强行撕脱，则留下一出血的溃疡面。

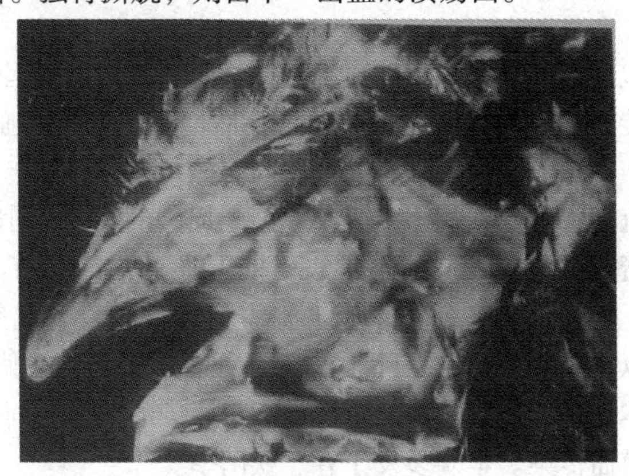

图 13　黏膜型鸡痘

3）混合型鸡痘，即皮肤和黏膜均被侵害，病情严重，病死率也较高。

4）败血型鸡痘，少见，如有则以严重的全身症状开始，继发肠炎，病鸡迅速死亡或转为慢性腹泻而死。

◆防治措施

1）加强饲养管理，坚持自繁自养，不从外地引入鸡。必须引进时，要隔离观察，确无此病后，方可混群。

2）坚持预防接种，在每年的春、秋两季对易感鸡群进行疫苗接种。

3）平时要定期对鸡舍、运动场等用 3% ~5% 来苏尔或石灰乳消毒。发病后，要隔离病鸡，病重者淘汰，死的烧毁或深埋。鸡舍、运动场、用具等要进行严格消毒，同时对健康鸡紧急预防接种。

9. 包涵体性肝炎

鸡包涵体肝炎又称为贫血综合征，是禽腺病毒引起的鸡的一种急性传染病。其特征为病鸡死亡突然增多，严重贫血、黄疸，肝肿大，有出血和坏死灶，肝细胞间有核内包涵体。

◆流行特点　本病多发生于4～10周龄的鸡，5周龄鸡最易感，产蛋鸡则很少发病。通常病死率10%左右，如有其他混合感染时，病情加剧，死亡率上升。本病可通过发育鸡胚直接传播，所以一旦传入很难根除。本病也可通过水平传播使鸡染病。此外，本病还可通过接触病鸡或被病鸡污染的鸡舍、饲料、饮水经消化道而传染。本病多发于春、秋两季。

◆诊断要点

1）临床症状。病鸡表现精神沉郁，嗜睡，下痢，羽毛粗乱。有的病鸡出现贫血和黄疸。感染后3～4天突然出现死亡高峰，5天后死亡减少或逐渐停止，病程一般为10～14天。有免疫抑制性病毒混合感染时病情会加重，死亡率升高。

2）病理变化。肝脏肿胀，脂肪变性，质地脆弱易破裂，呈点状或斑驳状出血，并见有隆起坏死灶；肾脏肿胀呈灰白色，并有出血点；脾有白色斑点状和环状坏死；骨髓呈灰白色或黄色。

◆防治措施

1）本病尚无特殊的治疗方法。因为病原具有多种血清型，所以现阶段本病用疫苗预防效果较差。

2）净化种群是非常重要的控制措施。其他措施包括加强饲养管理，杜绝传染源传入，防治和消除应激因素等。在饲料中补充微量元素和复合维生素以增强鸡的抵抗力，并加强鸡舍和环境消毒。为了防止病发细菌性疾病，可在发病日龄前的2～3天给

抗生素。

10. 传染性脑脊髓炎

传染性脑脊髓炎又称流行性震颤，是由禽脑脊髓炎病毒所致的幼龄鸡的一种传染病。特征是共济失调和快速震颤，特别是头颈部。

◆流行特点　自然感染见于鸡、雉、火鸡、鹌鹑、珍珠鸡等，鸡对本病最易感。各个日龄均可感染，但一般雏禽才有明显症状。病鸡和隐性感染鸡是主要的传染源，野禽可能是病毒的储存宿主。该病毒可以垂直方式传播，也可以水平方式传播。在自然条件下，传染性脑脊髓炎大多数是肠道感染，粪中排毒可持续数天。

◆诊断要点

1）临床症状。最早出现的神经症状是目光呆滞，随后是共济失调，驱赶时易被发现。头颈有明显的震颤，在刺激或骚扰时可诱发病雏颤抖，持续时间长短不一。

2）病理变化。解剖可见病雏肌胃带有白色区域。中枢神经系统的病变是非化脓性脑脊髓炎和背根神经节炎。脑和脊髓有血管袖套。

◆防治措施

1）目前本病尚无有效疗法。一旦发病应将发病鸡群扑杀并做无害化处理。如有特殊需要，也可将病鸡隔离，给予舒适的环境，提供充足的饮水和饲料。饲料和饮水中添加维生素 E、维生素 B_1，避免尚能走动的鸡践踏病鸡等，可减少发病与死亡。

2）预防本病主要采取综合措施，不从存在该病地区或鸡场引进种蛋和鸡苗；免疫接种也是预防本病的有效办法，可在本病受威胁地区给10~16周龄的后备种鸡通过饮水的方式接种传染性脑脊髓炎活疫苗。传染性脑脊髓炎疫苗对4周龄以下的雏鸡仍有一定的致病性。因此，在接种的时候应严格防止传染给雏鸡。

3）目前有两类疫苗可供选择

①活毒疫苗。一种用1143毒株制成的活苗通过饮水法接种。鸡接种疫苗后1~2周排出的粪便中能分离出脊髓炎病毒，这种疫苗可通过自然扩散感染，且具有一定的毒力，故小于8周龄、处于产蛋期的鸡群不能接种这种疫苗。

②灭活疫苗。用野毒或鸡胚适应毒接种SPF鸡胚，取其病料灭活制成油乳剂疫苗。这种疫苗安全性好，接种后不排毒、不带毒，特别适用于无脑脊髓炎病史的鸡群。可于种鸡开产前18~20周接种。

11. 禽呼肠孤病毒感染

禽呼肠孤病毒感染可引起鸡的多种疾病，包括病毒性关节炎/腱鞘炎、矮小综合征、呼吸道疾病、肠道疾病、免疫抑制和消化吸收不良综合征。

◆流行特点

1）易感动物。鸡和火鸡是该病的自然宿主。日龄越小症状越明显、越严重。

2）传播途径。粪便污染是接触感染的主要来源。幼龄时感染，病毒在盲肠扁桃体和踝关节可持续很长时间。禽呼肠孤病毒也可以垂直传播。

◆诊断要点

1）临诊症状。急性感染时，可见跛行，有些鸡发育不良。慢性感染跛行更显著，有一小部分病鸡的踝关节不能活动。有些感染鸡在屠宰时可见趾屈肌腱区域肿大。由呼肠孤病毒引起的吸收不良综合征，鸡群生长速度参差不齐、色素沉着差、羽毛发育不正常、骨骼变形和死亡率增加，这种情况主要发生于1～3周龄的肉用鸡。

2）病理变化。常见肌腱肿胀，跗关节内滑膜经常有点状出血。进一步发展可见腱鞘硬化、粘连和关节软骨增生等为特征的慢性型病变（图14、图15）。

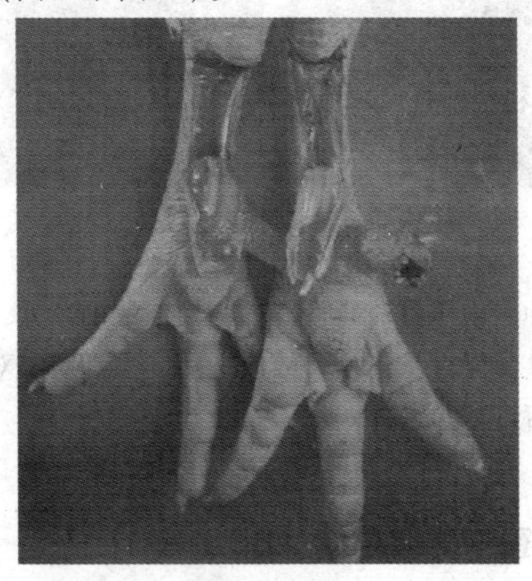

图14　腱鞘炎

◆防治措施

1）一般性综合防治措施有：

①避免各种应激因素。

②提供全价饲料。

③加强鸡舍消毒和卫生管理。先对鸡舍进行清扫，然后用消毒药进行消毒，以杜绝病毒的水平传播。

2）免疫接种。合理选用疫苗和制定免疫程序，是预防效果成败的关键因素。目前，预防禽呼肠孤病毒感染可用的有弱毒苗

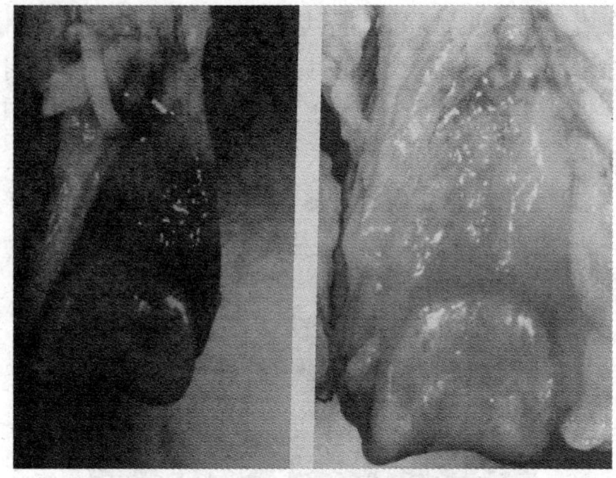

图 15　关节炎

和灭活苗两种。由于各流行毒株存在血清型的差异，不同血清型之间不能提供交叉保护作用，故应选用同型疫苗。对种鸡在开产前用灭活疫苗进行免疫。

12. 产蛋下降综合征（EDS—76）

本病是由禽腺病毒属中的产蛋下降综合征病毒所引起的鸡的一种以产蛋量下降为特征的传染性疾病。主要表现为产蛋鸡产蛋量下降，产软壳蛋、粗壳蛋、畸形蛋、褐色蛋，蛋壳颜色变淡。

◆流行特点

1）易感动物。本病除鸡易感外，自然宿主为鸭、鹅和野鸭。此病主要发生于鸡，以褐壳蛋鸡易感。主要侵害 26 ~ 32 周龄的产蛋鸡。幼龄鸡也会感染，但无症状，血清中无抗体，而到性成熟开始产蛋后，血清才可以查到抗体。

2）传播途径。可经蛋垂直传播，也可经水平传播。

3）传染来源。发病感染的母鸡和携带病毒的母鸡。

◆诊断要点　感染鸡一般无症状，只有个别鸡可见一过性精神不好，食欲减少。主要表现为突然性群体产蛋量下降，比正常下降20%～30%，甚至可达50%。开始褐壳蛋的颜色变淡，直至呈白色，同时出现软壳蛋，粗壳蛋、薄壳蛋和畸形蛋（图16），甚至无壳蛋。病程为4～10周。

图16　EDS—76感染后所产畸形蛋

◆防治措施　防治本病主要采取综合措施，具体如下：

1）杜绝病毒传入，不从疫区引进种蛋、种鸡。

2）严格执行兽医卫生措施，加强鸡场和孵化厅的消毒。

3）免疫接种。产蛋鸡在产蛋前，一般在110～130日龄，接种EDS—76油乳剂灭活苗或新城疫—EDS—76二联苗，或者新城疫—传染性支气管炎—EDS—76三联灭活疫苗，可以有效防止本病发生。

13. 鸡传染性贫血

鸡传染性贫血是由鸡传染性贫血病毒引起的一种传染病，也被称为贫血综合征、贫血症、皮炎综合征、出血性贫血病、蓝翅病、贫血因子病等。本病以再生障碍性贫血和全身淋巴组织萎缩造成免疫抑制为特征。由于机体免疫抑制而造成病毒、细菌和真菌等病原感染。

◆流行特点

1）鸡是该病的唯一宿主，所有日龄均可感染，自然感染常见于2～4周龄雏鸡，但随着日龄的增长易感性降低。

2）垂直传播是该病主要的传播方式，母鸡感染后3～14天内种蛋带毒，带毒的鸡胚出壳后发病并死亡。也会通过消化道及呼吸道水平传播该病，鸡感染后5～7周内粪便中存在高浓度病毒。

3）传染性法氏囊病病毒、马立克氏病毒、网状内皮组织增生症病毒及其他免疫抑制药物能增强鸡传染性贫血病毒的传染性，降低母源抗体的抵抗力，从而增加鸡的发病率和病死率。

当该病毒与马立克氏病毒同时感染时，则加重了骨髓和胸腺细胞的破坏及病理变化的严重性。该病毒诱导雏鸡免疫抑制，不仅可增加对继发感染的易感性，而且可降低疫苗的免疫力。

◆诊断要点

1）临床症状。潜伏期为8～12天，病鸡表现精神沉郁，虚弱，行动迟缓，羽毛松乱，喙、冠、肉髯、面部皮肤及可视黏膜苍白，生长不良，消瘦。病鸡通常有局部皮肤病变，常发生于翅膀，表现为出血和坏死症状。临床症状出现2天后开始死亡，5～6天后出现病死高峰，其后死亡率逐渐下降。濒死鸡可见腹

泻。血稀如水，血液学检查：红细胞和血红素明显降低，凝血时间延长，红细胞压积值降至20%以下；白细胞、血小板减少；血液中出现幼稚型红细胞，细胞核肿大，核明显，核内现嗜酸性包涵体，吞噬细胞内有变性的红细胞。

2）病理变化。全身性贫血，血液稀薄。胸腺萎缩，可能导致完全退化。骨髓萎缩是最有特征性的变化，股骨骨髓脂肪化呈淡黄红色，导致再生障碍性贫血。部分病例出现法氏囊萎缩。肝肿大发黄或有坏死斑点。腺胃黏膜出血。严重贫血病例可见肌肉和皮下出血。

◆防治措施

1）对13～16周龄的种鸡群进行疫苗接种，但不得迟于第一次收集种蛋前的4～5周，以免疫苗毒通过种蛋而传播。

2）加强雏鸡的日常综合性卫生防疫措施和兽医生物安全措施。

3）雏鸡在7日龄以内可以用干扰素、白细胞介素和黄芪多糖等抗病毒中药进行预防。

14. 慢性呼吸道病

慢性呼吸道病是由鸡毒支原体引起的以慢性呼吸道症状为主要特征的传染病，其特征是：咳嗽、流鼻液、呼吸道啰音和张口呼吸。

◆流行特点

1）本病自然感染发生于鸡和火鸡，尤其4～8周龄的雏鸡和火鸡最易感。

2）病鸡和隐性感染鸡是主要的传染来源。

3）传播方式有两种，即垂直传播和水平传播。传播途径主要是呼吸道传播。被污染的器具、饲料、饮水等也能传播该病。另外，交配也可传播该病。

本病一年四季均可发生，但以寒冷及早春最严重。当鸡群同时受到其他病原微生物和寄生虫侵袭时，以及能使鸡抵抗力降低的多种因素作用时均可加剧病情。

◆诊断要点

1）幼龄鸡中，若无并发症，主要表现为流浆液或黏液性鼻液，使鼻孔堵塞，妨碍呼吸，频频摇头，打喷嚏，咳嗽，还有窦炎、结膜炎和气囊炎。当炎症蔓延到下部呼吸道时，喘气和咳嗽更明显，呈现呼吸道啰音，有的病鸡流泪，眼睑肿胀，眼眶内有干酪样渗出物。

2）成年鸡则为隐性感染，产蛋鸡产蛋量下降，孵化率降低，孵出的雏鸡生活力降低。有继发感染时，病情加重，病死率增加。

3）主要病变。呼吸道、气管、支气管和气囊内含有混浊的黏稠渗出物。气囊壁变厚和混浊，严重者有干酪样渗出物。

◆防治措施

1）加强管理

①保暖，同时应注意通风、换气、定期除粪，使鸡舍内的氨气浓度不超过 20×10^{-6}，搞好卫生，鸡群不能太拥挤。

②在进行气雾免疫时，应在饮水中添加抗生素，以防继发感染。

③不从有此病的种鸡场引进新鸡和种蛋；必须引进时，应从无此病的鸡场购入，购入后，应隔离一段时间，并经过检疫应为阴性。

2）种蛋的消毒。为减少经蛋传播的可能，种蛋收集进储藏库之前用甲醛蒸气消毒。孵化前再进行种蛋的浸泡。

3）无病鸡群的培育。采用全血玻板凝集反应，对全群进行检疫，间隔1～2周，连续检疫几次，不断剔除群内的阳性病鸡。剩下的鸡群轮流使用抗菌药物至鸡达90日龄时，逐只检疫，每月一次，连续三次检疫未发现阳性鸡，即可认为是阴性鸡群。如有一次检出阳性鸡，则该鸡群应改为商品鸡群。

4）治疗。抗生素，如泰乐菌素20～50毫克/千克拌料，$(500\sim800)\times10^{-6}$饮水，连饮5天；红霉素$100\times10^{-6}$饮水3～5天，$(20\sim50)\times10^{-6}$拌料。恩诺沙星75毫克/升，饮水（前3天），50毫克/升（后3天）。

金霉素、土霉素250克/吨饲料。强力霉素0.01%～0.02%拌料。在用西药的同时，应与中药一起用，效果更好。

5）免疫预防。此病的预防有灭活苗和弱毒苗。

15. 传染性鼻炎

传染性鼻炎是由鸡副嗜血杆菌所引起的鸡的急性呼吸系统疾病，其特征是：鼻黏膜发炎，打喷嚏，流鼻涕，眼睑部水肿和结膜炎。

◆流行特点

1）病鸡和隐性带菌鸡是主要传染来源。

2）本病主要通过飞沫及尘埃经呼吸道传播，也可通过采食被污染的饲料、饮水而经消化道传染，麻雀可作为该病的传播媒介。

3）各种年龄的鸡都能感染，以4周龄以上的鸡发病较多，在较老的鸡群中潜伏期较短，病程较长。

4）本病多发生在秋、冬。本病的发生与一些使抵抗力下降的诱因有关，如通风不良，鸡舍闷热，氨浓度大，鸡群拥挤，不同年龄的鸡混群饲养。鸡舍寒冷潮湿，缺乏维生素，受寄生虫侵袭等都能使鸡群严重发病，接种禽痘疫苗引起的全身反应，也能诱发该病。

◆诊断要点

1）最明显的症状是鼻腔和鼻窦有浆液性和黏液性分泌物，有时打喷嚏，眼周及眼睑水肿（图17），眼结膜炎，红眼和肿胀。在发病的中后期，鸡眼睑与面部一侧或两侧出现水肿，并流泪，鼻腔内有脓性分泌物。

图17　眼眶周围肿胀

2）产蛋鸡发病，产蛋量急剧减少，一般平均下降25%左右。发病率高，病死率低。

3）剖检可见。鼻腔和窦黏膜充血肿胀，并有大量黏液、凝块及干酪样坏死物。结膜炎，面部及肉髯皮下水肿（图18）。偶尔有肺炎及气囊炎。

◆防治措施

1）预防接种

①多价灭活菌苗，使用效果较好。第一次在3～5周；第二次在110～120日龄，分两次接种可以保护蛋鸡度过整个产蛋期。使用疫苗时，最好连用5～7天抗生素，以防带菌鸡发病。

图 18　面部水肿、鸡冠、肉髯肿胀

②新城疫—传鼻二联疫苗，也可用于本病的预防。

2）加强种鸡的监测，在 10～12 周龄各做一次凝集反应，以后每隔 3 个月检疫一次，对检出的阳性鸡，随时淘汰。

3）针对诱因采取措施，避免鸡舍中鸡群拥挤，改善卫生条件，通风换气，定期用可带鸡消毒的消毒药消毒。加强对饲料和水源的管理，以防被污染。

4）治疗。可选用链霉素（100～200 毫克，肌注）、泰乐菌素（0.2%，拌料）、土霉素（0.04%～0.2%，拌料）、磺胺嘧啶（0.5%，拌料）。

16. 鸡大肠杆菌病

鸡大肠杆菌病是由致病性大肠杆菌引起的鸡的急性或慢性疾病的总称。

◆流行特点

1）传染来源主要是病鸡和带菌者。

2）初生雏鸡的感染主要是种蛋被污染，细菌经蛋壳和壳膜侵入，也可经卵巢、输卵管感染，还可经呼吸道吸入有此菌的灰尘而感染。也能经消化道，种鸡经配种传播。

3）各种年龄的鸡都可感染发病，但以胚胎、幼鸡的易感性最强。

4）本病一年四季均可发生，但以冬末春初发病最多。此病在肉仔鸡中是更为常见的多发病之一。在多雨、闷热、潮湿、拥挤，通风不良，卫生条件差，尘埃到处飞扬，过热、过冷以及饲料不全价等因素存在时发生较多。

◆诊断要点

1）雏鸡脐炎。表现为腹部膨大，脐孔不闭合，周围皮肤呈褐色，有刺激性恶臭，排泄绿色或灰白色水样粪便，多在出壳后2～3日内发生败血症而死亡，死亡率达10%～12%。

2）急性败血症。表现为精神委靡，排出绿白色稀粪和短期内死亡（图19）。剖检可见浆液性纤维素性心包炎、纤维素性肝周炎及腹膜炎病变，有时肝呈铜绿色，肝肿大。

3）全眼球炎。表现为眼睑封闭，外观肿大，眼内蓄积大量脓液或干酪样物，去除干酪样物可见眼球发炎，眼角膜变白不透明，表面有黄色米粒大的坏死灶，多为单侧性，偶有双侧性感染。

4）气囊炎。表现为呼吸困难，咳嗽，气囊感染后蔓延到其他脏器，如肝、心、输卵管。剖检可见气囊壁增厚、混浊，囊内含有淡黄色干酪样渗出物；心包膜增厚，心包腔内有大量纤维素性渗出物；腹腔积液；肝脏表面有纤维素性渗出物覆盖。

5）大肠杆菌性肉芽肿。在病鸡的小肠、盲肠、肠系膜及肝脏、心脏等表面形成典型肉芽肿。

6）关节及关节滑膜炎。病鸡行走困难，跛行，关节周围呈竹节状肥厚。剖检可见关节液混浊，有脓性或干酪样渗出物蓄

图 19　精神不振、下痢

积。

7）卵黄性腹膜炎和输卵管炎。病鸡表现为产蛋停止，精神沉郁，腹泻，粪便中混有蛋清、凝固蛋白及卵黄小块，具恶臭味。剖检可见腹腔中充满淡黄色腥臭的液体和破坏了的卵黄，以及淡黄色的纤维素性渗出物。

8）肿头综合征。大肠杆菌与肺病毒联合感染肉鸡后可导致头部毛细血管损伤，造成头部水肿。

9）脑型。感染后 2 ~ 3 天，开始出现头部颤抖，头颈歪斜，有的后仰呈“观星”状，有的瘫痪在地，脑膜出血、充血。

◆防治措施

1）改善饲养管理，消除本病发生的诱因，加强对环境、种蛋、孵化器、鸡室的消毒（熏蒸法），改善通风，降低灰尘、勤于除粪，减少氨气含量。

2）药物预防和治疗。在进行治疗前最好先做药敏试验，以选择最敏感的药物用于治疗才可达到疗效，以防耐药性菌株产生。常用药物有恩诺沙星、环丙沙星、氟苯尼考等。

3）免疫预防，可以从发病鸡场分离出大肠杆菌，鉴定其血清型，培养灭活制成灭活苗或与多个血清型混合制成灭活多价油乳剂苗，免疫种鸡后，可控制该病的发生。

17. 鸡白痢

鸡白痢是由鸡白痢沙门氏菌引起的鸡的一种传染病，主要侵害雏鸡。其特征是拉白痢，呈急性败血症症状，能造成大批死亡。成年鸡主要呈隐性和慢性经过。

◆流行特点

1）病鸡和带菌鸡是主要的传染来源，其他动物或飞禽可以携带并传播该病原，生产中防控该病时不容忽视这些病原携带者。

2）该病可以通过带菌种蛋传播，也可以经消化道、呼吸道、生殖道等途径传播。

3）任何品种的鸡对该病都有一定的易感性，但不同品种的鸡在易感性上有一定的差异。

4）外界因素可增加鸡白痢发病率和死亡率，如较差的卫生条件、环境污染、育雏室温度偏低等。

◆诊断要点

1）卵内感染者，在孵化中出现死胚或不能出壳的弱胚，也有在出壳后不久以败血症症状而迅速死亡。

2）出壳后感染的雏鸡，多于孵出后数天内出现症状，2～3周龄时，病雏和死雏达到高峰。病雏不愿走动，聚成一团，不食，绒毛松乱，两翼下垂，低头缩颈，闭眼，昏睡。有软嗉囊症状。拉白色稀薄呈糨糊状粪便，肛门周围绒毛被粪便污染，粪便干固封住肛门（图20），使排粪受影响，常发尖锐叫声。因呼吸

困难及心力衰竭而死。

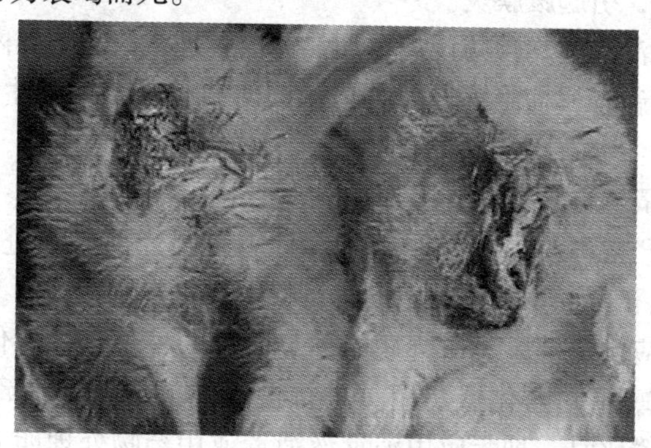

图 20　泄殖腔被白色黏糊样稀粪堵塞

3）有的鸡表现头颈扭曲（达 180 度）和运动障碍，发病常见于 6 ~ 40 日龄，以 15 ~ 20 日龄达到高峰。

4）成年鸡一般无明显症状，可使产蛋量与孵化率下降，有的感染鸡因卵黄囊炎引起腹膜炎，使腹膜增生而呈“垂腹”现象。

5）极少数病鸡有精神委靡、头翅下垂、产蛋停止、排白色稀粪等表现，成年鸡也可能呈急性发病。

6）主要病变

①出壳后不久突然死亡的雏鸡，病变不明显，肝肿大，充血或有条纹状出血；在心肌、肺、肝、盲肠、大肠及肌胃肌肉中有坏死灶或结节，以肝的病变最常见，其次是肺、心等，脑及脑膜有充血、出血。

②成年鸡最为常见的病变是卵子变形、变色，质地改变，腹膜炎，伴有急、慢性心包炎。受侵害的卵子呈油脂或干酪样，卵黄膜增厚。变性的卵子仍附在卵巢上，常由粗细长短不一的卵蒂与卵巢相连，变色（灰色、淡绿色）。有些卵则自输卵管倒行而

坠入腹腔，引起腹膜炎。

◆防治措施　预防该病要加强饲养管理，清除鸡群内的带菌者与慢性患者，杜绝病原的传入，同时执行严格的卫生、消毒、隔离制度。

1）坚持自繁自养，不随意引进种蛋。

2）严格种鸡的净化和管理。种鸡在开产前必须进行检疫，淘汰阳性和可疑种鸡，并定期进行检疫或不定期抽检。

3）应挑选健康无白痢病的种鸡所产的种蛋进行孵化。每次孵化之前，应对孵化器及用具进行彻底清洁和严格消毒（甲醛熏蒸）。孵化时，种蛋应用消毒液消毒或用药物处理卵壳，然后再进行孵化。

4）育雏室在接鸡前要消毒，饲养过程中要定期更换垫料。加强育雏期间的饲管卫生，注意通风换气、保暖工作，避免拥挤，对饲槽、饮水器应每天清洗一次，发现病雏立即处理。

5）治疗。选用磺胺类药物或喹诺酮类药物进行防治，可取得一定的效果。

18. 鸡伤寒

鸡伤寒是由鸡伤寒沙门氏菌引起青年鸡、成年鸡的一种急性或慢性传染病，其特征是：肝肿大、呈青铜色和下痢。

◆流行特点　本病一般呈散发性，较少呈全群暴发。

1）鸡、火鸡、珠鸡、孔雀、雉鸡对本病易感，主要发生于成年鸡和 3 周龄以上的青年鸡，3 周龄以下的鸡偶尔可发病。

2）病鸡和带菌鸡是主要的传染来源，其粪便内含有大量病菌，可污染土壤、饲料饮水、用具、装饲料的麻袋、车辆等。

3）本病主要通过消化道和眼结膜而传播感染，也可经种蛋垂直传播给下一代。

◆诊断要点

1）鸡伤寒较常见于青年鸡和成年鸡，也可通过蛋传播在雏鸡中暴发。雏鸡发病与鸡白痢相似。

2）青年鸡与成年鸡发病初期表现为饲料消耗量突然下降、鸡的精神委靡、羽毛松乱、头部苍白、鸡冠萎缩，感染后的2～3天内，体温上升1～3℃。

3）火鸡感染鸡伤寒时，主要表现为饮欲增加、食欲不振、精神委靡，多排出绿色或黄绿色下痢，体温升高，有时可高达44～45℃，死前体温可降到低于正常。

4）眼观病变轻微或不明显。病程稍长的可见肾、脾和肝充血肿大。亚急性及慢性病例，特征病变是肝肿大并呈青铜色。此外，心肌和肝脏有灰白色粟粒状坏死灶、心包炎。腺胃黏膜易脱落，肌胃角质层膜易撕下。肠道黏膜溃疡，十二指肠溃疡最严重。

◆防治措施

1）可选用磺胺药物治疗，能有效地减少死亡。

2）加强鸡舍卫生和消毒工作，防止外源性沙门氏菌的传入。

3）定期灭鼠。鼠类和有些啮齿动物常常携带沙门氏菌，而造成鸡的感染。

4）防止野鸟进入鸡舍，在可能的情况下安装防鸟网。

19. 鸡副伤寒

鸡副伤寒是各种家畜、家禽和人的共患病，对人引起食物中毒，广义称为副伤寒。

◆流行特点　大多数种类的温血和冷血动物都可发生副伤寒感染。在家禽中，副伤寒感染最常见于鸡和火鸡。常在孵化后两周之内感染发病，6～10天达最高峰。呈地方流行性，病死率从很低到10%～20%不等，严重者高达80%以上。1月龄以上的家禽有较强的抵抗力，一般不引起死亡，而成年禽往往不表现临诊症状。

◆诊断要点

1）雏鸡。经带菌卵感染或出壳雏鸡在孵化器感染，常呈败血症症状，往往不显任何症状就迅速死亡。年龄较大的雏鸡则呈现亚急性症状。

雏鸡副伤寒的症状主要表现：嗜眠呆立，垂头闭眼，两翼下垂，羽毛松乱，显著厌食，饮水增加，水泄样下痢，肛门粘有粪便，怕冷而靠近热源处或相互拥挤。

2）成年鸡。在自然情况下，一般为慢性带菌者，常不出现症状。病菌存在于内脏器官和肠道中。急性病例罕见，有时可出现水泄样下痢、精神委靡、倦怠、两翅下垂、羽毛松乱等症状。

急性感染的病变，见肝、脾、肾充血肿胀，出血性或坏死性肠炎，心包炎及腹膜炎。产蛋鸡可见到输卵管坏死和增生，卵巢坏死及化脓，严重时造成腹膜炎。

慢性感染的成年鸡特别是肠道带菌者，常无明显的病变。

◆防治措施

1）预防本病重在严格实施一般性的卫生消毒和隔离检疫措施。

2）使用抗菌药物可以降低禽副伤寒的病死率，并可控制本病的发展和扩散。可以选用磺胺类药物、喹诺酮类药物。

3）为了防止本病从鸡传染给人，病鸡应严格执行无害化处理。加强屠宰检验，特别是急宰病鸡的检验和处理。饲养员、兽医、屠宰人员以及其他经常与鸡及其产品接触的人员，应注意卫生消毒工作。

20. 鸡巴氏杆菌病

鸡巴氏杆菌病又名禽霍乱，是鸡的一种急性、热性传染病。特征为急性的败血症和剧烈下痢；慢性则发生肉髯水肿和关节炎。

◆流行特点　本病的发生一般无明显的季节性，但以气候剧变、潮湿、多雨时期发生较多。呈地方性流行或散发。病鸡的排泄物、分泌物是本病重要的传染源。本病主要通过消化道和呼吸道传染，禽类中以鸡、火鸡和鸭最易感，鹅、鸽次之。

◆诊断要点

1）最急性。见于流行初期，在肥壮高产蛋鸡中多见。少数几只鸡晚间一切正常，次日发现死在鸡舍内。有时可见病鸡精神沉郁，不安，倒地挣扎，拍翅抽搐，迅速死亡。病程数分钟至数小时。

2）急性。鸡主要表现精神沉郁，呆立，或蹲伏一隅，呈瞌睡状。体温升高到43～43.5℃，食欲消失，渴欲增加；呼吸困难，口鼻有黏液流出，常有腹泻（粪黄色、灰白色或铜绿色），鸡冠肉髯发紫。病程约1～3天，若不及时治疗，则会造成大量死亡。

3）慢性。多见于流行后期，主要表现肺、呼吸道或胃肠道的慢性炎症，鼻孔、喉头有黏液，鼻窦肿大，呼吸作响，经常腹泻，引起消瘦、衰弱、贫血，有的有慢性关节炎，而表现跛行。有的鸡肉髯发生肿胀（图21），坏死、脱痂、痊愈。一般不死，但生长、增重、产蛋长期不能恢复。

4）主要病变。心内外膜严重出血，整个心脏呈黑紫色，心

图21　鸡冠、肉髯水肿

包变厚，不透明，积有大量淡黄色含纤维素凝絮的液体，心包积液，心冠脂肪出血；肝肿大，表面有许多灰白色针尖大的坏死灶；腹膜、皮下组织及腹部脂肪有小点出血；肠，尤其是十二指肠黏膜有出血性炎症变化；肺有暗红色实变区，病程长的有黄白色干酪样坏死灶；关节变形肿大；鸡冠、肉髯有水肿、坏死。

◆防治措施

1）要针对诱因采取措施，平时要加强饲养管理，气候突变，太冷、太热时注意保暖和通风降温等，地面保持干燥，定期消毒，饲喂加有抗生素的饲料可起预防作用。

2）每年定期接种鸡霍乱菌苗（灭活苗和弱毒苗），也可用自场脏器苗进行接种。

3）发生本病时，对病鸡应及时隔离，对被污染的场地、用具要彻底消毒，病死鸡深埋或烧毁。

4）治疗。可选用磺胺药物拌料，连用3~5天。

21. 绿脓杆菌感染

鸡绿脓杆菌病是一种幼禽急性传染病，主要侵害幼龄雏鸡，发病率和死亡率均很高，刚出壳的雏鸡发生绿脓杆菌感染可导致雏鸡大批死亡，经济损失巨大。该病一年四季均可发生，但以春季多发。随着集约化养鸡业的发展，鸡绿脓杆菌病的感染率和发

病率明显提高，无论是育成鸡、成鸡还是鸡胚、雏鸡均可感染，尤以雏鸡感染后发病严重，造成毁灭性损失。

◆流行特点　饲养管理条件低劣或长途运输等应激反应导致体质下降，特别是环境污染及注射用具消毒不严时，可经消化道、呼吸道或创伤引起暴发。初生雏鸡接种马立克疫苗时，使用污染的注射用具及疫苗是本病近年来常见的发病原因。

◆诊断要点

1）临床症状。本病发生突然，病程短。病雏精神沉郁，厌食，卧地不起。多数病雏发生不同程度下痢，粪便水样，呈淡黄绿色，严重病鸡粪中带有血丝。有的病鸡眼周围水肿、潮湿，眼流泪，角膜或眼前房混浊。

2）病理变化。死亡雏鸡消瘦，羽毛粗乱。泄殖腔周围有稀粪污染。头颈部、胸腹部皮下水肿、淤血或溃烂，皮下有淡绿色胶冻样浸润物。严重者水肿部皮下可见出血点或出血斑。实质器官不同程度充血、出血。肝、脾肿大有出血点，肝脏有淡灰黄色小米粒大小坏死灶。气囊混浊、增厚。肠黏膜充血、出血严重。

◆防治措施　预防本病应从改善养殖场饲养管理条件、加强兽医卫生措施着手，严格按照规定要求做好种蛋收集、保存及孵化全过程和孵化设备、环境、注射疫苗器具的清洁及消毒工作。对大群雏鸡，可通过饮水或拌料口服大剂量庆大霉素、新霉素、链霉素、卡那霉素或复方新诺明，也有一定的防治作用。

22. 禽曲霉菌病

禽曲霉菌病是由真菌感染所致，常见的表现是肺及气囊的炎症和小结节，可见霉菌生长。主要病原体为烟曲菌。该病多发生于雏禽。

◆流行特点

1）曲霉菌的孢子广泛分布于自然界，在适宜的条件下即可引起鸡感染发病。阴暗潮湿和不洁净的育雏器、空气流通不畅，长期饲喂霉变饲料很容易造成鸡的感染。我国南方在梅雨季节应特别注意。

2）曲霉菌可引起各种日龄的鸡感染发病，但以雏鸡易感性最强。

◆诊断要点

1）临床症状。1~2日龄雏鸡常呈急性经过，成年鸡呈慢性经过。发病的雏鸡食欲不振，精神委靡，翅膀下垂，羽毛松乱，闭目嗜睡，饮欲增加，呼吸困难，甚至有喘气表现，病鸡头颈直伸，张口呼吸，可发出啰音或哨音，有时摇头、甩鼻、打喷嚏，后期还可出现下痢症状，整个病程一般在1周左右。

有时可见曲霉菌性肺炎，病鸡结膜充血、眼睑肿大、甚至封闭，下睑有干酪样物，严重者失明。

若脑组织受到侵害则引起共济失调和麻痹等神经症状。

慢性型主要是青年鸡和成年鸡多发，主要表现为发育受阻，生长缓慢，精神不振，羽毛松乱、无光，呆立，逐渐消瘦，贫血，严重时发生呼吸困难，产蛋下降甚至停止，最后死亡。病程为数周或数月。

2）病理变化。病灶多见于肺和气囊。解剖可见病变肺脏出现粟粒大至黄豆大小不等的黄白色或灰白色结节。结节比较坚硬，切开可见有层次的结构，中心为干酪样坏死组织，有时可见菌丝生长。病程较长时，可形成钙化的结节。

◆防治措施

1）正常生产中避免使用发霉的垫料和饲料。加强饲料间的管理和通风，特别是在阴雨季节要做好防霉除湿工作。

2）种蛋、孵化室和育雏室均应按卫生要求进行严格的消

毒。育雏室应注意通风换气和卫生消毒，保持室内干燥、清洁。

3）发现疫情时，要迅速查明原因，并立即排除，同时做好环境、用具等的消毒工作。

4）治疗可选用制霉菌素，剂量为5 000国际单位/只，每日两次，连用2～4天；也可使用1∶3 000的硫酸铜或0.5%～1%的碘化钾饮水，连用3～5天。

23. 鹅口疮

鹅口疮又称家禽念珠菌病或消化道真菌病，是主要由白色念珠菌引起的鸡上消化道的一种真菌病，特征是上消化道黏膜发生白色的假膜和溃疡。

◆流行特点

1）鸡的念珠菌病呈散发，暴发时也可造成严重损失。雏鸡比成年鸡易感性高，发病率和死亡率也高。发病多为2月龄的幼鸡。

2）病鸡的粪便含有大量病菌，污染器具、饲料和环境。本病多通过消化道传染，黏膜损伤可使病原体侵入。但内源性感染不可忽视。如营养缺乏、长期应用广谱抗生素或皮质类固醇，饲料管理、卫生条件不良以及其他因素使机体抵抗力降低，均可促使本病发生。病原也可通过蛋壳传染。

◆诊断要点

1）病鸡生长发育不良，精神委靡，嗉囊扩张、下垂，羽毛粗乱，逐渐瘦弱死亡，无特征性临床症状。

2）在口腔黏膜上，开始为乳白色或黄色斑点，后来融合成白膜，如干酪样的典型“鹅口疮”，用力撕脱后可见红色的溃疡出血面。这种干酪样坏死假膜最多见于嗉囊，呈现黏膜增厚，形成白色、豆粒大结节和溃疡。在食道、腺胃等处也可能见到上述病变。

3）病鸡在消化道黏膜的特征性增生和溃疡灶，常可作为本病的诊断依据。

◆防治措施

1）本病与卫生条件有密切关系，因此要改善饲养管理条件，加强卫生措施，做到室内干燥、通风，防止拥挤、潮湿。种蛋在孵化前要消毒。

2）发现病鸡应立即隔离、消毒。

3）采用药物治疗时，可在饲料中添加制霉菌素 50～100 毫升/千克，连喂 1～3 周，此外，二性菌素 B 等控制霉菌药物也可应用。

个别治疗，可将鸡口腔假膜刮去，涂碘甘油。嗉囊中可以灌入数毫升 2% 硼酸水，饮 0.5% 硫酸铜液。

24. 结核病

结核病是由分枝杆菌引起的人畜共患的一种慢性传染病。其特征是病禽逐渐消瘦，在各种器官形成无血管的干酪样变性结节，其中对畜禽感染力较强的是结核分枝杆菌、牛分枝杆菌和禽分枝杆菌。所有家畜均能感染，牛最易感，羊、猪和禽类发病较少。上述三种分枝杆菌同样也感染人。

◆流行特点　该病的特点是慢性经过，一旦传入鸡群即长期存在。该病一年四季均可发生，主要经呼吸道和消化道或皮肤伤口传染，也有少数通过蛋传染。

◆诊断要点

1）临床症状。该病潜伏期长，病情发展缓慢，初期看不到

病状，随后精神委靡，食欲不振或废绝，羽毛松乱，呆立不活泼，冠萎缩。冠髯苍白比正常薄。呈渐进性消瘦，胸骨凸出如刀，贫血。产蛋下降可达30%以上，甚至停止。受精率、出雏率均较低。关节受侵，常呈现一侧性翅下垂和跛行，以跳跃态行走。肠道受侵时，有顽固性腹泻，最后因衰竭或因肝脾突然破裂而死亡。病程在2～3个月或1年以上。

2）病理变化。多发生在肠道、肝、脾、骨骼和关节（图22）。肠道发生溃疡，可在任何肠段见到。肝、脾肿大，切面具有大小不一的结节状干酪样病灶，环节肿大，内含干酪样物质。

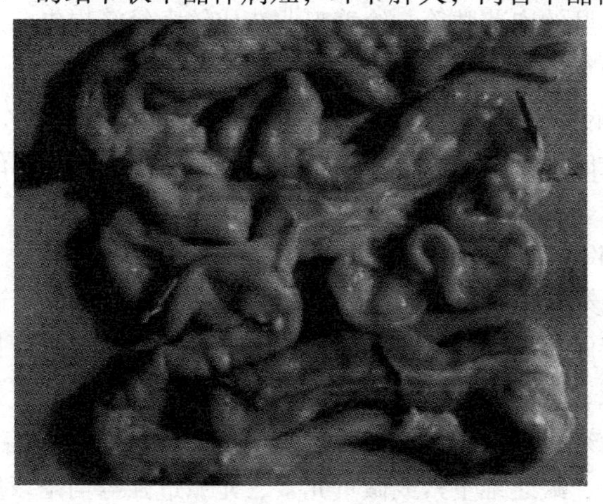

图22　肠道上的结核结节

◆防治措施　由于没有治疗价值，通常不使用抗结核病药物来治疗。主要采取综合性防控措施，防止疾病传入，净化污染鸡群，培育健康鸡群。采取加强检疫、隔离、淘汰等措施，防止该病传入。不从有该病的鸡场引进种鸡。一旦发现病鸡，应立即进行禽结核菌素试验，淘汰阳性鸡，1个月后复检。如为种鸡群，不可再作种用，应全群淘汰并进行彻底消毒。

25. 葡萄球菌病

葡萄球菌病是由葡萄球菌引起的一种急性或慢性传染性疾病。该病是一种多发、易发的禽病，尤其现在的禽类养殖多采用密度大的集约化方式，接触、摩擦、蹬踩，以及消毒不彻底都易引发此病。该病表现多种临床症状，包括鸡卵黄囊感染、皮下脓肿、跛脚、败血症、关节炎、脊椎炎、坏疽性皮炎以及细菌性心内膜炎、肝的肉芽肿等，给养鸡业造成较大经济损失。

◆流行特点

1）病原在自然界中分布广泛，如空气、土壤、饲料、饮水、鸡舍的地面、各种饲养用具的表面等均有存在。在鸡的羽毛、皮肤、黏膜、肠道等部位也有存在。

2）40～60 日龄的雏鸡发病最多。

3）该病主要是通过创伤感染的途径传播，也可以通过空气或直接接触传播，经雏鸡的脐带感染最容易发生该病，扭伤、刺种、断喙、啄伤、网刺等伤口也均易使之感染发病。

4）该病一年四季均可发生，鸡舍的通风不良、空气污浊、饲料单一、缺乏维生素或微量元素、光照过强等均是该病发生的诱因。

◆诊断要点

1）急性败血症型。最常见，多发生于中雏。病鸡表现精神沉郁，呆立或蹲伏，缩颈垂翅，嗜睡，食欲减退，羽毛松乱、局部有脱落，破溃后有暗紫色血样渗出物。部分病鸡翅膀内侧、翅尖、尾、头颈、背和腿等部位皮肤出现大小不等的出血灶和炎性坏死，局部干燥结痂。2～3 天死亡，最急性型发病当天即可死亡。解剖可见胸腹部皮下充血、溶血，呈弥漫性紫红色或黑红

色，有大量胶冻样黄红色水肿液；肝脏肿大，呈淡紫色花纹样变化，有数量不等的坏死灶；脾脏肿大，呈紫红色，有白色坏死点；心包积液，心冠脂肪及外膜有时出血。

2）关节炎型。多发生于4～12周龄的鸡，以趾和跖关节多见，呈紫红色或紫黑色，有的破溃结黑紫色痂。有的出现趾瘤，脚底肿大。有的趾发生坏死呈黑紫色较干涩。病鸡表现跛行，多伏卧，因采食困难而消瘦、衰弱死亡。病程多10天左右。解剖可见关节囊内有浆液性或脓性物，后期为干酪样物质。关节周围结缔组织增生或结构畸形。

3）脐炎型。鸡胚或新出壳的雏鸡脐环闭合不全，感染葡萄球菌后即发生脐炎。表现为腹部膨大，脐孔肿大发炎，触摸发硬，局部呈黄红色或紫黑色。出壳2～3天后死亡。

4）眼炎型。可见病鸡上、下眼睑肿胀，有脓性分泌物黏附，眼结膜红肿，眼角多分泌物，甚至有血液、肉芽肿，病程长者眼球下陷、失明，有的眶下窦肿凸。有时可见肺型、骨髓炎型等多种病型。

◆防治措施

1）加强饲养管理，搞好鸡舍内外卫生，选用可带鸡消毒的消毒剂每天进行带鸡喷雾消毒。

2）隔离病鸡，根据药敏试验结果，选择敏感药物进行全群预防，同时用青霉素等对病鸡进行肌肉注射。全群鸡配合电解多维和维生素C饮水，以增强机体抵抗力。

二、寄生虫病

1. 鸡球虫病

危害鸡的球虫，主要是艾美尔属的 8 ~ 9 个虫种，其中以柔嫩艾美尔球虫和毒害艾美尔球虫最为常见，且危害也最大。前者主要寄生在鸡的盲肠内，雏鸡常见，死亡率可达 70% 以上；后者主要寄生在鸡的小肠内，青年鸡多见，死亡率高达 50% 以上。

◆诊断要点　柔嫩艾美尔球虫使鸡血痢、休克（严重感染时）、精神委靡、食欲降低、贫血、痊愈缓慢、多有死亡。病变部位在盲肠，盲肠壁增厚并出血，严重病例可见盲肠因有大量血液而膨胀。如果鸡存活下来则形成的盲肠芯子会成干酪样。

毒害艾美尔球虫使鸡血痢、采食量突然下降、严重失重、贫血，病鸡也许不会完全康复，多有死亡。病变部位在肠道中段，可向前和向后延伸，配子形成仅见于盲肠（但盲肠即使有病变也很轻微）。肠道浆膜侧可见点状和小白斑状病变，肠道广泛膨胀，肠腔内广泛出血，因而肠道增粗，色深。

◆防治措施

1）雏鸡 3 ~ 10 日龄球虫病疫苗饮水接种。

2）氨丙啉。饮水浓度为 0.012% ~ 0.024%，连用 3 ~ 5 天，后改为 0.006%，连用 1 ~ 2 周。

3）磺胺二甲嘧啶。饮水浓度为 0.1%，用 2 天，后改为 0.05%，用 4 天。

4）百球清。饮水中加 0.002 5% 或每天按 7.5 毫克/千克给予，用 2 天。

5）其他药物。如磺胺氯吡嗪钠、诺球、氯苯胍等。

2. 盲肠肝炎

盲肠肝炎是由变形鞭毛虫科的火鸡组织滴虫引起的传染病，主要感染鸡和火鸡，可使盲肠和肝脏发生不同程度的炎症，重者可引起死亡。因病鸡头面部皮肤变成紫蓝色或黑色，故有“黑头病”之称。

◆流行特点

1）4 周龄到 3 个月龄的雏鸡易感，死亡率在 10% ~30%，成年鸡隐性感染，可成为带虫者。

2）可以通过吞食被组织滴虫污染的饲料、饮水而感染，但更多的是通过吞食含有组织滴虫的鸡异刺线虫卵而感染。蚯蚓可以作为异刺线虫卵的储藏宿主。鸡啄了含异刺线虫卵或幼虫的蚯蚓，即可感染异刺线虫，也可感染组织滴虫。散养、有运动场的鸡群多发本病。

◆诊断要点

1）病鸡垂翅、低头、闭眼，行走如踩高跷，下痢，粪便呈淡黄色或淡绿色，严重时排硫黄色含泡沫的粪便，有的鸡下痢中带血，病后期排褐色恶臭稀粪，病鸡头部皮肤淤血而呈紫色，故称“黑头痛”。

2）解剖可见一侧或两侧盲肠肿大（图 23），肠壁增厚，盲肠黏膜出血，坏死溃疡，内含一段干酪样栓塞或凝固肠芯。

3）肝肿大、紫褐色，表面散在大小不等的圆形黄绿色或黄白色坏死灶上（图 24）。坏死灶中央稍下陷，边缘稍隆起呈硬币状，坏死灶深入肝实质内，周围常有红晕（出血带）。

◆防治措施

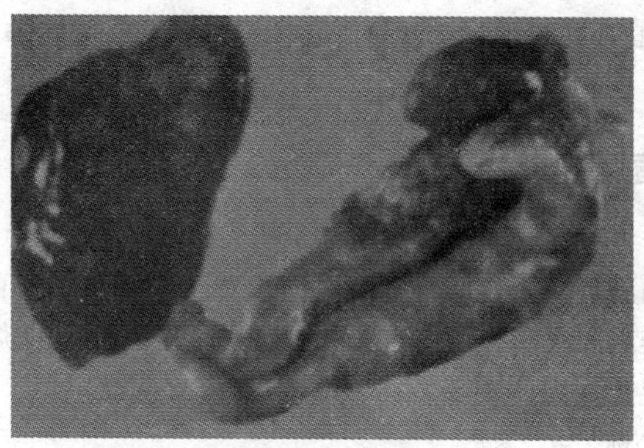

图 23　盲肠肿大

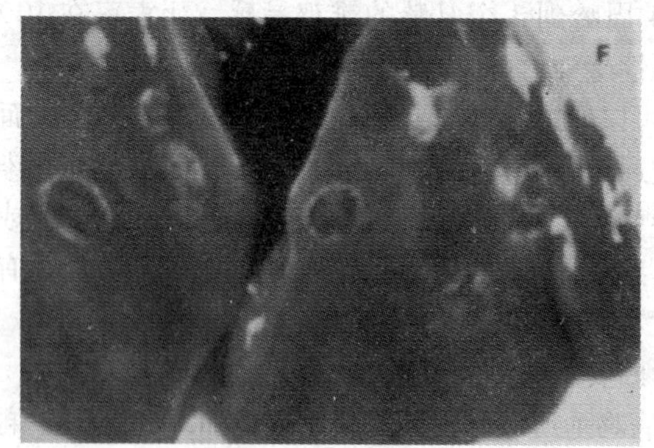

图 24　肝脏上的圆形坏死灶

1）加强环境卫生消毒和饲养管理，保持鸡舍干燥，地面用 3% 火碱消毒。

2）定期驱除异刺线虫，最好不把鸡养在土质地面上或放牧，以避免鸡吃带虫的蚯蚓而感染。

3）病鸡可用甲硝唑（灭滴灵）治疗。

3. 鸡住白细胞原虫病

鸡住白细胞原虫病又名白冠病，是由库蠓和蚋为媒介的原虫所引起的疾病。病原进入鸡体内后在血细胞及局部组织发育，造成贫血、内脏肿胀和出血等病变。

◆流行特点

1）本病的流行与媒介昆虫的活动密切相关。卡氏住白细胞原虫的传播媒介为荒州库蠓、环斑库蠓和尖喙库蠓。气温在20℃时，库蠓繁殖快，活动能力强，病流行也就严重。鸡沙氏住白细胞原虫的传播媒介为带蚋，多发生于5—7月份及9月下旬至10月份。

2）3~6周龄的雏鸡比较易感，青年鸡也有一定的易感性。

◆诊断要点

1）卡氏住白细胞原虫感染的雏鸡可见出血、咯血、呼吸困难，常见死前口流鲜血；青年鸡和成鸡感染，临床上可见鸡冠苍白，排水样的白色稀粪。沙氏住白细胞原虫感染可见体温升高、贫血、排出绿色便。

2）显著的病理表现是白冠，全身性出血，肌肉和某些内脏有白色小结节以及骨髓变黄等。

◆防治措施

1）防止媒介昆虫进入鸡舍或杀灭鸡舍周围的媒介昆虫，对防治本病有重要意义。

2）药物防治效果较好。在流行前或流行初期用药物预防，可选服下列药物：磺胺二甲氧嘧啶（25~75）$\times 10^{-6}$或息疟定1×10^{-6}混于饲料，磺胺喹恶啉（77~130）$\times 10^{-6}$混于饲料中。

此外，在该病流行之前，用氯羟吡啶125×10^{-6}连续内服，有良好效果。治疗可选用：磺胺二甲氧嘧啶 500×10^{-6}饮水 3～7 天，然后再用 300×10^{-6}饮水 2 天；磺胺二甲氧嘧啶 400×10^{-6}和息疟定 4×10^{-6}混于饲料连续服用 1 周后，改用预防剂量；复方敌菌净 200×10^{-6}混于饲料连续用，为防止药物中毒，可连续服用 5 天，停药 2～3 天，然后再服用。

用药时要多选用几种药物交替使用，减少耐药性的产生。

4. 鸡蛔虫病

鸡蛔虫病是由蛔虫寄生于小肠引起的。鸡蛔虫主要引起鸡、火鸡、珍珠鸡等其他野禽的蛔虫病。在禽类蛔虫病中，鸡蛔虫病较为严重，主要危害雏鸡，影响生长发育，甚至大批死亡。

◆流行特点

1）鸡蛔虫卵同样对消毒药具有较强的抵抗力，但对干燥和高温（50℃以上）敏感。在阴凉潮湿的地方，可生存很长时间。虫卵对直射阳光敏感。

2）鸡蛔虫的发育过程不需要中间宿主，鸡吞食了感染性虫卵遭受感染，蚯蚓可作为保虫宿主传播鸡蛔虫。虫卵在肠道内孵出幼虫，幼虫在体内不经过移行，直接在肠道内发育成熟。雏鸡易遭受侵害，病情较重。成年鸡多为带虫者。饲养管理不当或营养不良的鸡群易感性较强。

◆诊断要点　成虫和幼虫对宿主都有危害作用。幼虫侵入肠黏膜时，破坏肠黏膜，造成出血性炎症，肠壁上常有颗粒状化脓灶或结节形成。成虫大量寄生时，相互缠结，可能发生肠阻塞，甚至引起肠破裂和腹膜炎。其代谢产物被宿主吸收，造成雏鸡发育不良，精神委靡，羽毛松乱，鸡冠苍白，贫血，消化不良，最后可衰竭而死。

◆防治措施

1）治疗。可用左旋咪唑、丙硫苯咪唑、伊维菌素等药物驱虫。

2）预防

①在蛔虫病流行的鸡场，每年进行2次定期驱虫。

②雏鸡和成年鸡分开饲养，防止成年鸡排出的虫卵传给雏鸡。

③鸡舍和运动场的粪便应经常清除，堆积发酵。

④加强饲养管理。

5. 鸡绦虫病

鸡绦虫病是由瑞利属的多种绦虫寄生于鸡的十二指肠中引起的鸡的一种寄生虫病，常见的瑞利绦虫有棘沟瑞利绦虫、四角瑞利绦虫和有轮瑞利绦虫等。其感染率因地区不同而异，不同年龄的鸡均可感染本病，其中17～40日龄的雏鸡最易感。经口食入含有绦虫卵囊的中间宿主（绦虫存活的动物体，如蚂蚁、金龟子、家蝇、蛞蝓）而感染。夏、秋季节环境潮湿、卫生条件差、饲养管理不良均易引起本病的发生。近年来成年鸡也有发病增多的趋势。临床上主要引起产蛋下降，生长缓慢，严重者可引起死亡。

◆流行特点

1）本病的感染来源主要是患病鸡或者带虫鸡，健康鸡经口感染。各种年龄鸡均可发生，但以25～40日龄的雏鸡死亡率最高。常为几种绦虫混合感染。

2）由于本病的中间宿主有蜗牛、蛞蝓、蚂蚁、家蝇、金龟子、步行虫等，分布面广，因而导致本病具有广泛的分布性。

◆诊断要点

1）临床症状。病初可见鸡冠和肉髯发白或红白相间，可视黏膜发绀或黄染。进一步发展可见病鸡表现翅膀下垂，羽毛松乱，精神沉郁，食欲减退，饮欲增加，闭目嗜睡，粪便稀薄或混有淡红色血样黏液，鸡体迅速消瘦，有的病鸡粪便上有许多小米粒大小的白色颗粒样物，部分病鸡两脚瘫痪，甚至头、颈扭曲，运动失调，终因极度衰弱而死。

2）病理变化。剖检可见鸡尸消瘦，肝脏颜色变黄，小肠黏膜出血、增厚，肠腔内有许多黏液，味恶臭，肠黏膜有出血点。十二指肠及肠腔中有大量乳白色、呈结节状、扁平似面条样的绦虫虫体。

◆防治措施

1）及时清除患鸡粪便，避免中间宿主吞食孕卵节片或虫卵，对患鸡粪便进行集中生物热发酵，以防止病原扩散而污染环境。

2）搞好鸡场清洁卫生，彻底消毒饲养场地，杀灭中间宿主，大力提倡网上育雏或笼养，可以有效控制绦虫病及其他寄生虫病的发生和传播。

3）每年进行2~3次定期驱虫，同时搞好舍内外环境卫生，粪便进行无害化处理。

6. 鸡异刺线虫病

鸡异刺线虫病是由鸡异刺线虫寄生于鸡的盲肠内引起的疾病，在鸡群中普遍存在，分布于世界各地。其他禽、鸟类也有异刺线虫寄生，但病原不同。

◆流行特点

1）本病的发生流行与当地气候及库蠓的活动有直接关系，5月份即有发病病例，7～8月份达到高峰，终止于10月份。暴发过本病的鸡群中一年四季均可查到病原。本病由库蠓传播，有库蠓的地方往往有本病的发生和流行。

2）雏鸡与成年鸡均可发病，1月龄鸡发病率与病死率高达20%～65%，成年鸡仅个别死亡。白色鸡种比红色或褐色鸡种发病率高。

◆诊断要点

1）异刺线虫寄生在肠黏膜上，能机械性地损伤盲肠组织，引起盲肠炎和下痢，盲肠肿大，肠壁增厚，形成结节。同时，虫体分泌毒素和代谢产物使宿主中毒。患鸡食欲减退，营养不良，发育停滞，严重者可引起死亡。

2）异刺线虫是火鸡组织滴虫的传播者，当鸡体内同时寄生异刺线虫和组织滴虫时，组织滴虫可侵入异刺线虫的卵内，病随卵排到体外，鸡在啄食这种虫卵时，可同时感染异刺线虫和组织滴虫。

3）粪便中发现虫卵，或剖检时在盲肠发现虫体可确诊。

◆防治措施

1）治疗时可选用阿维菌素粉剂拌料饲喂，连用3天；也可选用丙硫苯咪唑拌料。

2）加强饲养管理，采用全价饲料喂养，提高鸡的抵抗力。预防上应做到定期驱虫，改散养为笼养或圈养，粪便及时收集堆积，发酵处理。

7. 鸡吸虫病

对鸡危害较严重的吸虫病有输卵管吸虫病和棘口吸虫病。

（1）输卵管吸虫病

◆流行特点　输卵管吸虫成虫呈卵圆形到梨形，棕红色，长5～7毫米。成虫不断排卵，卵随粪便排于外界，落入水中后被某些淡水螺蛳（第一中间宿主）吞食，虫卵在螺蛳体内孵化出毛蚴。毛蚴继续在螺蛳体内发育为胞蚴、尾蚴。尾蚴离开螺蛳后浮游在水中，如被蜻蜓（第二中间宿主）的若虫吸入到气管萎内，尾蚴即在其中变为囊蚴。囊蚴可长期保存于蜻蜓的若虫和成虫体内。当鸡吃了这种蜻蜓的若虫或成虫后，囊蚴的包囊在鸡的消化道中被溶解，童虫即沿肠管下行至泄殖腔，转入法氏囊或输卵管发育为成虫，并在该处寄生，产卵。

◆诊断要点

1）临床症状。寄生于输卵管的成虫以吸盘吸在输卵管的黏膜上，破坏黏膜上腺体分泌的正常机能，产出无卵黄蛋、无蛋清蛋、软壳蛋或无壳蛋。偶尔吸虫被裹进蛋内。当输卵管机能完全被破坏时，从泄殖腔中排出蛋壳的碎片或流出半液状的灰白色液体。有些病鸡输卵管破裂，造成腹膜炎，个别感染鸡泄殖腔脱出体外，冠和肉髯呈蓝紫色。

2）病理变化。解剖在输卵管内可发现吸虫，主要病变为输卵管炎和泄殖腔炎，甚至可见到卵黄性腹膜炎。

◆防治措施

1）不要把鸡放养在水边和低湿的地方。

2）将鸡粪堆沤发酵后才能用做肥料。

3）治疗时可选用吡喹酮等驱虫药进行治疗。

（2）棘口吸虫病

◆流行特点　病原主要为棘口科的卷棘口吸虫。卷棘口吸虫成虫呈淡红或淡黄色，背腹扁平，往往蜷曲。成虫寄生于鸡的肠管和泄殖腔内。虫卵随粪便排出，进入淡水后在水中孵化为毛蚴。毛蚴钻入作为第一宿主的淡水螺蛳（许多个属的螺蛳），在其中逐步发育成为尾蚴。尾蚴可在同一螺蛳体内形成囊蚴，也可离开第一中间宿主而钻入另一螺蛳、蝌蚪或鱼（第二中间宿主）体内形成囊蚴。当鸡吃了含有囊蚴的中间宿主后即可感染。感染后经过 15 ~ 19 天变为成虫。

◆诊断要点

1）临床症状。轻度感染时只有轻微的损害。重度感染时，尤其是幼鸡感染后发病较重，表现为食欲减退或消失，口渴，腹泻（有时粪便中带血），迅速消瘦，贫血，幼鸡发育停滞，严重的可引起死亡。病程约 8 ~ 10 天。

2）病理变化。解剖可见尸体消瘦，胸肌萎缩，肝充血，肠黏膜充、出血，肠腔内充满卡他性含血的分泌物和虫体。

◆防治措施　将鸡粪堆积发酵，以杀灭其中的虫卵；防止鸡接近中间宿主（避免放牧饲养）；定期驱虫。对病鸡可用驱虫药进行治疗。

8. 羽虱

羽虱是寄生在禽体表面的而且最普遍的体外寄生虫，已发现的就有 40 种之多，一般常见感染鸡的羽虱有以下几种。

1）鸡大体虱。大多寄生在鸡肛门下面，严重时在胸、背和翅膀下也能发现。大体虱身长 3 ~4 毫米，主要取食羽毛和皮肤，有时也能损伤血管而吸吮血液，刺激皮肤，引起发炎。大体虱产的卵常集合成块，粘在羽毛根上，经 5 ~7 天孵化成幼虱，两星期后发育成熟，

2）头虱。主要寄生在鸡的头和颈部，对幼鸡为害最严重，呈深灰色，长约 2.5 毫米，卵产在头部绒毛和小的羽毛上，经 5 ~7 天孵化成幼虱，30 天后成熟。

3）羽干虱。形体较小，长约1.7～2毫米。一般寄生在羽干上，咬食羽毛、羽枝和羽小枝，并不直接寄生在鸡的皮肤上面，生活史和大体虱相似，但发育期比较长一些。

◆流行特点　羽虱通过直接接触或间接接触传播，一年四季均可发生，但冬季较为严重。若鸡舍低矮、潮湿，饲养密度大，鸡群得不到沙浴，可促进羽虱的传播。

◆诊断要点　羽虱繁殖迅速，以羽毛和皮屑为食，使鸡奇痒不安，因啄痒而伤及皮肉，使羽毛脱落，日渐消瘦，产蛋量减少，以头虱和大体虱对鸡危害最大，使雏鸡生长发育受阻，甚至由于体质衰弱而死亡。

◆防治措施

1）烟雾法。用25%的敌虫聚酯通用油剂，按每立方米鸡舍空间0.01毫升的剂量，用带有烟雾发生装置的喷雾器喷烟，喷烟后密闭鸡舍2～3小时。

2）喷雾法。将25%的敌虫聚酯通用油剂作为原液，用水配制成0.1%的乳剂，直接喷洒于鸡体。

3）药浴法。用25%的溴氰聚酯加水配制成4 000倍液，将药液盛放于水缸或大锅内，先浸透鸡体，再捏住鸡嘴浸一下鸡头，然后捋去羽毛上的药液，置于干燥处晾干鸡体。

4）沙浴法。在鸡运动场上挖一浅池，深约30厘米，长、宽可因鸡只的多少而定。用10份黄沙加1份硫黄粉拌匀，放于池内，任鸡自由进行沙浴。

杀灭鸡羽虱时，应对鸡体、鸡舍，以及鸡直接接触的用具同时处理。在间隔1周后再次处理。如此操作效果更好。

9. 鸡螨病

螨又称疥癣虫，是寄生在鸡体表的一种寄生虫。对鸡危害较大的是鸡皮刺螨和突变膝螨。鸡皮刺螨呈椭圆形，吸血后变为红色，故又叫红螨。突变膝螨又称鳞足螨，其全部生活史都在鸡身上完成。

◆流行特点　本病的传播主要经过健康鸡与病鸡和带螨鸡直接接触，也可经接触被螨污染了的笼舍、用具、衣物等而遭受感染。鸡感染突变膝螨与饲养方式及鸡的品种、年龄有关。舍内笼养及平养的蛋鸡和肉鸡极少发生。本病在春、夏季多发。

◆诊断要点

1）鸡螨大小约 0.3～1 毫米，肉眼不易看清。

2）鸡严重感染鸡皮刺螨时，可见贫血、消瘦、产蛋减少或发育迟滞。雏鸡严重失血时，甚至造成死亡；突变膝螨成虫在鸡脚皮下穿行并产卵，幼虫蜕化发育为成虫，藏于皮肤鳞片下面，引起炎症。腿上先起鳞片，以后皮肤增生、粗糙，并发生裂缝。有渗出物流出，干燥后形成灰白色痂皮，如同涂上一层石灰，故又叫石灰脚病。若不及时治疗，可引起关节炎、趾骨坏死，影响生长发育和产蛋。

◆防治措施　一是应搞好环境卫生，定期消毒，以杀死鸡螨；二是大群发生皮刺螨后，可用 20% 的杀灭菊酯乳油剂稀释 4 000 倍，或 0.25% 敌敌畏溶液对鸡体喷雾，但应注意防止中毒。环境可用 0.5% 敌敌畏喷洒。对于感染膝螨的病鸡，可用 0.03% 蝇毒磷或 20% 杀灭菊酯乳油剂 2 000 倍稀释液药浴或喷雾治疗，间隔 7 天，再重复 1 次。大群治疗可用 0.1% 敌百虫溶液，浸泡患鸡脚、腿 4～5 分钟，效果较好。

三、普 通 病

1. 维生素 A 缺乏症

◆病因　维生素 A 缺乏症是由于体内维生素 A 缺乏而导致的一种营养代谢疾病，其主要表现为上皮角化或夜盲。生产中有以下因素经常导致该病的发生：

1）机体长期缺乏维生素 A。

2）使用低质维生素 A。

3）饲料中虽然添加了足量维生素 A，但由于存放时间过久等因素导致维生素 A 氧化失效。

4）机体维生素 A 利用率降低，比如饲料中蛋白质水平过低，而导致机体不能很好地利用维生素 A，进而间接造成维生素 A 缺乏。

5）种鸡缺乏维生素 A，而导致雏鸡维生素 A 缺乏。

◆主要症状

1）雏鸡主要表现为生长停滞、精神委靡、机体消瘦、羽毛松乱、喙和小腿皮肤黄色消退。有的病鸡眼睛干燥或羞明流泪，继而眼内流出一种乳白色黏液性分泌物，将上下眼睑粘在一起，以镊子拨开，可见眼内有豆腐渣样（干酪样）物质蓄积，并可以完整挑出。眼球下陷、失明，角膜软化，甚至穿孔。病鸡的鼻孔中也流出黏稠分泌物，呼吸困难，常张口呼吸，有时还伴有“咕噜”声。死亡率甚高，有时可达 100%。

2）成年鸡主要表现为慢性经过，常见精神委靡、食欲不振、机体消瘦、鸡冠和肉髯苍白，羽毛无光泽，两腿无力，步态不稳，往往用尾支地，甚至不能站立，伏卧于地。产蛋母鸡产蛋量下降，蛋内血斑的发生率增加，种蛋的孵化率下降，公鸡性机能降低，精液品质不良。严重时出现眼部病变，其症状与雏鸡相似。

◆病理变化　剖检死鸡或重病鸡，可见口腔黏膜、咽部、食道处有典型的白色小脓疱（小结节），有时融合连成片，随后出现溃疡。溃疡周围出现炎性产物覆盖在黏膜表面，融合成一片灰白色的假膜，此为本病的特征性病变，同时内脏器官出现尿酸盐沉积，与内脏型痛风相似。

◆防治措施　预防本病的方法主要是消除病因，特别要注意保证维生素 A 的供给。在正常情况下，每千克饲料最低添加量为：雏鸡、青年鸡 1 500 国际单位，肉仔鸡 2 700 国际单位，产蛋鸡 4 000 国际单位。由于疾病等因素影响，产蛋鸡维生素 A 实际添加量应达到每千克饲料 8 000 ~ 10 000 单位。

2. 维生素 D 缺乏症

◆病因　维生素 D 缺乏症是由于维生素 D 缺乏引起的，以生长发育迟缓、骨骼变软、弯曲、变形、运动障碍、蛋鸡产薄壳蛋、软壳蛋为特征的一种营养代谢病。本病主要发生于笼养鸡、长期舍饲的鸡和幼雏。主要原因有：

1）笼养或长期舍饲，缺乏阳光照射，导致维生素 D 的利用率降低。

2）饲料中维生素 D 含量不足，或者钙、磷比例失调，并大量消耗维生素 D。

3）发生肝脏、肾脏疾病时，维生素 D 在体内的转化和利用受阻。

4）日粮中脂肪含量不足，影响维生素D溶解吸收，而蛋白质缺乏使维生素D的转运受阻。

5）长期疾病导致体内维生素D大量消耗。

◆主要症状

1）雏鸡缺乏维生素D时，主要表现骨骼发育不全，可见腿骨、肋骨变形，弯曲易骨折，骨端的软骨部分膨大。生长停滞，两腿无力，发生跛行，步态不稳，严重时不能站立。喙质地变软、弯曲变形。胸骨变形、易弯曲。

2）产蛋鸡缺乏维生素D，最初表现为产薄壳蛋和软壳蛋，严重时产蛋停止。种鸡缺乏维生素D时，所产种蛋孵化率降低，入孵后死胚较多。

3）成年鸡缺乏维生素D时，主要表现骨组织变软、易弯曲、易变形，有时胸骨变软，呈橡皮样，腿骨和翼骨变脆，易骨折，病鸡蹲伏，行走困难，上体垂直伸立，呈企鹅行走姿势。

◆病理变化　解剖发病雏鸡可见肋骨和肋软骨联结处呈链珠状，长骨的骨骼部分钙化不良。成年母鸡骨软易碎，肋骨内侧表面有小球凸起，呈串珠状。

◆防治措施

1）预防本病主要方法是消除病因，特别要保证维生素D的供给。正常情况下，0～20周龄鸡每千克饲料应添加维生素D_3 200国际单位，20周龄后进入产蛋期要增至500国际单位。

2）鸡发生维生素D缺乏时，可于每千克饲料中添加清鱼肝油10～20毫升，同时每50千克饲料所添加的多维素增至25克，持续2～4周。一次喂给15 000国际单位维生素D_3，比在日粮中添加效果更好。

3. 维生素 E 缺乏症

◆病因　虽然多种饲料中都含有维生素 E，但极易被氧化破坏。饲料加工、长期储存、饲料霉变或者其中含有过多的不饱和脂肪酸，都可使维生素 E 被氧化而失效。同时，维生素 E 缺乏常与饲料中缺硒有关。

◆主要症状　鸡缺乏维生素 E 时常表现幼雏鸡脑软化症和白肌病两种病型。

1）幼雏鸡脑软化症。共济失调，头向下或向后挛缩，两腿痉挛性抽搐，衰弱死亡；渗出性素质症。皮下组织水肿，因腹部皮下蓄积大量液体，病雏站立时两腿被迫劈开，并且腹部皮肤呈蓝绿色。

2）白肌病。3～4 周龄的小鸡，当维生素 E 不足并伴有含硫氨基酸缺乏时，可造成小鸡肌肉营养障碍，贫血，衰弱。

◆病理变化　幼雏鸡脑软化症常因心包膨胀而致病骤死，胸腔内有黑绿色液体。白肌病鸡由于受损害的肌纤维呈现极易辨认的淡色条纹，故有“白肌病”之称。

◆防治措施

1）在饲料加工中加入抗氧化剂，减少维生素 E 损失。

2）在日粮中按比例添加 0.5% 的植物油；或每千克饲料中添加 10～30 毫克的维生素 E。

3）雏鸡脑软化可用维生素 E 醋酸酯胶丸 5 毫克，每日口服 1 次，用药后 1～2 天即能恢复正常；对渗出性素质，除用维生素 E 外，还应补充硒制剂 0.05～0.1 毫克/千克饲料。对发生白肌病的鸡群，除补充亚硒酸钠维生素 E 外，饲料中还要添加蛋氨酸 0.45%、胱氨酸 0.33%。

4. 维生素 B_2 缺乏症

◆病因　维生素 B_2 又称核黄素。饲料中维生素 B_2 含量不足，或饲料被碱处理，高脂肪低蛋白饲料，长期饲喂这样的饲料，易引起维生素 B_2 缺乏。

◆主要症状　雏鸡可大批发病，发生下痢，生长缓慢。特征性的症状为足跟肿胀，趾爪向内蜷缩，两腿麻痹，以飞节着地，常展翅以平衡。病至后期，病雏两腿伸开铺地而卧，不能走动，往往吃不到食物而饿死。母鸡则产蛋率和所产蛋孵化率明显下降，蛋白稀薄。

◆病理变化　病死雏鸡肠壁薄，肠内充满泡沫内容物。病死成年鸡的坐骨神经和臂神经显著肿大和变软，尤其是坐骨神经的变化更为明显，其直径比正常大 4 ~ 5 倍。

◆防治措施

1）早期防治，按 NRC 标准进行添加，即：中小雏鸡为 3.6 毫克/千克，大雏 1.8 毫克/千克，产蛋鸡 2.2 毫克/千克，种鸡 3.8 毫克/千克，肉鸡 3.6 毫克/千克，或者在每吨饲料中添加 2 ~ 3 克维生素 B_2 即可预防本病发生。

2）治疗维生素 B_2 缺乏症，可在每千克饲料中加入维生素 B_2 20 毫克，治疗 1 ~ 2 周，即可见效。

5. 硒缺乏症

◆病因　硒缺乏症主要是由于体内微量元素硒缺乏或不足，而引起骨骼肌、心肌和组织变性、坏死为特征的疾病。

◆主要症状　主要表现为渗出性素质（毛细血管壁变性、坏死、血管通透性增强，血浆蛋白渗出并积聚于皮下），肌肉营养不良，胰腺纤维化，肌胃变性以及脑软化等。蛋鸡营养不良，产蛋量下降，孵化率低下。

◆病理变化　以渗出性素质，肌组织的变性病变（变性、出血、坏死），营养不良，胰腺体积小及外分泌部分的变性坏死，淋巴器官发育受阻及淋巴组织变性、坏死为基本特征。鸡可见脑膜有出血点和脑软化。

◆防治措施　在低硒地带饲养的鸡或饲用由低硒地区运入的饲料时，必须补硒。补硒的办法：直接投服硒制剂；将适量硒添加于饲料、饮水中喂饮。

6. 佝偻病

日粮中钙和磷的含量不够，或钙、磷的比例不当，或维生素D含量不足，都会影响钙和磷的吸收和利用。过量的钙导致钙、磷比例失调，骨骼畸变；磷过多可引起骨组织营养不良。所以，钙磷缺乏和钙磷比例失调均可引起雏鸡佝偻病，在产蛋鸡则引起软骨病或产蛋疲劳症。

◆病因　佝偻病可因磷缺乏，但大多数是由于维生素 D_3 的不足引起的；饲料中的磷和维生素 D_3 的含量是足够的，如果强迫喂给过多的钙，也会促使发生磷缺乏而引起佝偻病；新孵出的雏鸡钙储备量很低，若得不到足够的钙供应，则很快出现缺钙。

◆主要症状　佝偻病常常发生于6周龄以下的雏鸡，由于缺乏的营养成分不同，表现不同。病鸡表现腿跛，行走不稳，生长速度变慢，腿部骨骼变软而富于弹性，关节肿大。跗关节尤其明显。病鸡休息时常采取蹲坐姿势。病情发展严重时，病鸡可以瘫痪。但磷缺乏时，一般不表现瘫痪症状。

◆病理变化　病鸡骨骼软化，似橡皮样，长骨末端增大。胸骨变形、弯曲与脊柱连接处的肋骨呈明显球状隆起，肋骨增厚、弯曲，致使胸廓两侧变扁。喙变软，橡皮样，易弯曲，甲状旁腺常明显增大。

◆防治措施

1）如果日粮中缺钙，应补充贝壳粉、石粉，缺磷时应补充磷酸氢钙。钙磷比例不平衡要调整。

2）如果日粮中已出现维生素 D_3 缺乏现象，应给以 3 倍于平时剂量的维生素 D_3，施用 2～3 周，然后再恢复到正常剂量。

7. 笼养母鸡产蛋疲劳症

◆病因　本病的病因与笼养鸡所处的特定环境有关，目前尚未取得一致的意见。日粮中，钙、磷比例不当或缺乏维生素 C、D，尤其是 D，均可引发该病。由于母鸡高产（产蛋率 80% 以上），钙的不足或推迟，引起一种暂时的缺钙，为了形成蛋壳母鸡不能从外界摄取足够的钙，那么，母鸡将利用自身骨骼中的钙，最终发生骨质疏松症。鸡饲养在笼内，长期缺乏运动，神经兴奋性降低，软骨变硬，肌肉张力减弱以致运动机能减弱，可能是本病的部分原因。

◆主要症状　发病初期鸡只外表健康，精神正常，能采食、饮水和产蛋。以后产软壳蛋和薄壳蛋，产蛋量明显降低，两腿发软，站立困难，此时如能及时发现，并采取措施，就能很快恢复。否则，症状逐渐严重，最后瘫痪，侧卧于笼内。此时，病鸡反应迟钝，最后因不能采食和饮水，造成极度消瘦而衰竭死亡。

◆病理变化　瘫痪或死亡的鸡肛门外翻，淤血，骨骼可见腿

骨、翼骨和胸骨变形。在胸骨和椎骨结合部位，肋骨向内弯曲。许多鸡卵巢退化、淤血和脱水。

◆防治措施　注意饲料中钙、磷的供给，磷钙的比例以及维生素 D 的供给，及时发现病鸡，挑出单独饲养，减少损失。

8. 痛风

◆病因　家禽痛风是由于蛋白质代谢障碍或肾脏疾病导致尿酸盐在体内蓄积的营养代谢障碍性疾病。临床上以病鸡行动迟缓，腿、翅关节肿大，厌食，跛行，衰弱和腹泻为特征。关节型和内脏型是痛风的两个主要病型。

◆主要症状

1）本病多呈慢性经过，病鸡表现为全身性营养障碍，食欲不振、渐进消瘦，羽毛松乱，精神委靡，鸡冠苍白，不自主地排出白色黏液状稀粪，含有大量尿酸盐。母鸡产蛋量降低，甚至完全停产。

2）内脏型痛风主要表现为病鸡的胃肠道功能紊乱，腹泻，粪便尿酸盐含量较多，厌食，衰弱，贫血，有的突然死亡。

3）关节型痛风主要呈慢性经过，病鸡除了食欲不振、羽毛松乱等共同症状外，可见关节肿胀，并逐渐变硬。发病鸡表现痛苦状，行动困难，跛行。严重时在关节部位形成结节，结节软化或破裂，排出灰黄色干酪样物，局部形成出血性溃疡。

◆病理变化

1）内脏型痛风最典型的变化是在内脏浆膜上（如心包膜、胸膜、腹膜、肝、脾、胃、肠系膜等器官的表面）覆盖一层白色的尿酸盐沉积物，肾脏肿大、色苍白，呈花斑状，输尿管有尿酸盐结石。

2）关节型痛风常可见到关节周围的软性肿胀，切开可见有稀粥状、糊状的白色黏稠液体。在关节周围的软组织中和肾脏处有尿酸盐沉积，但病变较轻。

◆防治措施

1）查明原因，并及时消除，是防治本病的关键。饲料中蛋白含量过高时，应立刻更换饲料，或降低蛋白含量。

2）及时通肾，可选用市面上的通肾药物，以促进尿酸盐的排出，会起到一定效果。

3）在饮水中使用0.1%～0.5%的碳酸氢钠，在饲料或饮水中加鱼肝油乳剂；同时，适当增加光照时间，增加运动量，降低饲料蛋白含量，会大大提高疗效。

9. 鸡食盐中毒

◆病因　食盐即氯化钠。氯和钠元素存在于鸡体的体液、软组织和鸡蛋中，具有维持鸡体的酸碱平衡，保持细胞与血液间渗透压的平衡，使鸡体组织保持一定水分的作用。此外，食盐还是鸡形成胃液与胃酸的原料，能够促进消化酶的活动，对脂肪和蛋白质的消化吸收起重大作用。鸡的日粮中的食盐含量一般以0.37%～0.50%为宜，用量必须准确，以防鸡食盐中毒。在配制日粮时，应首先考虑动物性饲料的含盐量，然后再确定补充食盐的用量。如在日粮中使用咸鱼粉时，必须先分析它的含盐量，避免因咸鱼粉用量过多而引起食盐中毒。

◆主要症状　鸡食盐中毒后，表现为食欲不振或废绝，嗉囊扩张膨大，口鼻中流出黏性分泌物。病鸡口渴，大量饮水，常下痢，运动失调，两脚乏力，行走困难。后期患病鸡衰弱，呼吸困难、抽搐，最后虚脱而死。

◆病理变化　剖检可见嗉囊中充满黏性液体，黏膜脱落，腺胃黏膜充血，表面有时形成假膜，小肠有急性卡他性肠炎，黏膜充血有出血点。有时可见皮下组织水肿，腹腔和心包有积水，肺水肿，心脏有出血点，血液浓稠，脑膜血管扩张充血。常见针尖大小的出血点。

◆防治措施

1）鸡饲料中食盐添加量不超过0.5%，且要搅拌均匀。

2）发现鸡食盐中毒后，要立即停喂食盐和饲喂含食盐高的饲料。

3）供给病鸡大量清洁饮水或喂牛乳，以稀释胃肠中盐的浓度，利于排泄。

4）静注25%葡萄糖水1～3毫升，以维持心脏功能。

10. 磺胺类药物中毒

◆病因　磺胺类药物是一类广谱抗菌药物，能抑制大多数革兰氏阳性细菌，并具有抗球虫作用，被广泛运用在动物疫病防治中。但该类药物治疗量接近中毒量，且禽类对其比较敏感，因此，常因用药不当而引起鸡尤其是雏鸡的中毒。常见原因如下：

1）用药量过大，用药时间过长，拌料不匀而引起中毒。

2）肝、肾患病而功能下降时，使该药代谢和排泄变慢，引起蓄积中毒。

3）一月龄内雏鸡肝肾功能尚弱，对该药敏感性增高，容易引起中毒。

◆主要症状　磺胺类药物中毒多见于雏鸡。雏鸡急性中毒时常表现兴奋不安、食欲不振、腹泻、痉挛、抽搐、共济失调麻痹等，慢性中毒时表现精神沉郁、食欲不振、饮欲增加、贫血、黄疽，有的头部局部肿胀，皮肤呈蓝紫色，翅下有皮疹，便秘或腹泻，粪便呈酱油色，并发生多发性神经炎和全身出血性变化。蛋鸡产蛋下降。

◆病理变化　解剖可见皮下和肌肉有出血斑，尤以胸肌和腿肌严重，呈弥漫性大片出血；血液稀薄，凝固不良；肌肉苍白或淡黄色；骨髓黄染；肝脏肿大，表面有出血斑点，或坏死灶；胆囊肿大，充满胆汁；肾脏肿大，呈土黄色，表面有紫红色出血斑；输尿管增粗，充满尿酸盐；腺胃和肌胃黏膜交界处有条纹状出血，肌胃角质膜下有出血点；十二指肠黏膜出血，盲肠内充满咖啡色内容物；脑膜水肿、充血；心外膜出血，心包积液。

◆防治措施

1）严格控制磺胺药的使用剂量和疗程，不能超规定用量使用，连续使用不能超过一周。同时，用药期间提供充足的饮水，为减轻磺胺药物的毒副作用，可适量饲喂碳酸氢钠。

2）雏鸡和体弱鸡应慎用磺胺类药物，产蛋母鸡以及有肝肾疾患鸡应尽量避免使用磺胺类药物。

3）发生磺胺类药物中毒后应立即停药，尽量多饮水，并饮服1%～5%碳酸氢钠溶液，并配合维生素K进行治疗。

11. 氨中毒

◆病因　氨气中毒主要是由于鸡舍内氨气含量过高所致。鸡的粪便、饲料、垫料等腐烂分解产生大量氨气，尤其是鸡舍潮湿、肮脏等环境会促进氨的产生。管理不善，鸡舍通风不良，可使鸡舍氨气含量大增，鸡只将氨气吸入呼吸道，刺激气管、支气管，使之发生水肿、充血、分泌黏液充塞气管等变化；氨气还会损害呼吸道黏膜上皮，使病原菌易于侵入；氨气吸入肺部，通过

肺泡进入血液与血红蛋白结合，降低血液的携氧功能，导致贫血等，引起中毒。

◆主要症状　精神委靡，食欲不振，甚至废绝，饮欲增加，鸡冠发紫，口腔黏膜充血，流泪，眼结膜充血，眼睑水肿，角膜混浊，呼吸困难，甚至伸颈张口呼吸。临死前出现抽搐或麻痹。

◆病理变化　解剖时可见病鸡消瘦（长期慢性中毒者），尸僵不全，血液稀薄色淡，鼻黏膜、咽喉黏膜、气管黏膜水肿、充血、出血，眼结膜水肿、充血、出血。肺淤血或水肿，心包积液，肾脏色泽灰白，肝肿大，质地脆弱。在慢性中毒病例胸腹腔可见到尿酸盐沉积。

◆防治措施

1）加强通风。条件具备时，可在鸡舍安装通风换气设备；条件不具备的情况下，应利用天窗、换气孔、窗户进行换气。定期检查鸡舍内氨气含量是否超标，根据情况及时通风。

2）控制鸡群饲养密度。饲养密度越大，越易引起舍内氨气浓度超标。所以，舍内鸡只密度应合理，一般冬季密度可适当高些，夏季严禁密度过高。

3）加强环境控制。定期清除粪便，保持鸡舍内清洁卫生，降低鸡舍内湿度，减少氨气的产生。可以在鸡粪上撒生石灰来吸湿，同时起到消毒作用。

4）鸡群一旦发生氨中毒，应立即开启通风换气设施，进行强制性通风换气。给鸡饮用1∶3 000的硫酸铜溶液饮水，连用数日可缓解症状。或者给鸡饮用大量的维生素C，连用3天。

12. 一氧化碳中毒

◆病因　一氧化碳中毒是由于鸡舍，特别是育雏室内通风不良、烟囱堵塞、倒烟、漏烟，或煤炉布置不均匀，致使鸡舍或育雏室内一氧化碳浓度过高，导致鸡只大批死亡。

◆主要症状　一氧化碳中毒鸡只多表现为：精神委靡，羽毛松乱，食欲不振，长期慢性中毒可致生长发育迟缓；急性或严重中毒时，鸡只表现兴奋，烦躁不安，进一步发展可见呼吸困难，昏迷，嗜睡，运动失调，瘫痪，少数鸡只不时发出叫声，头向后仰，死前出现痉挛或惊厥，甚至导致大批死亡。

◆病理变化　抽血或放血时，可见血液为鲜红色或樱桃红色，黏膜及肌肉色泽鲜红，肠系膜血管呈明显的树枝状充血，心内、外膜上可见散在的出血点。

◆防治措施

1）在寒冷季节用煤炉取暖时，要安装烟管，并定期检查。同时，要确保室内通风换气状态良好。

2）发现一氧化碳中毒时，应尽快打开门窗和通风换气设施，换进新鲜空气。用维生素 C、葡萄糖饮水，也有助于病鸡康复。

3）为防止中毒造成机体抵抗力下降以及通风换气时温差骤变导致鸡继发感染，可应用阿莫西林、黄芪多糖饮水。

四、常见鸡病的临床快速鉴别诊断

1. 常见呼吸道病的鉴别诊断

病名	感染病原	流行特点	主要临床症状	剖检病理变化	防治
新城疫	新城疫病毒	各种鸡均易感，发病急，传播快，死亡率极高	精神高度沉郁，呼吸困难，嗉囊积液，倒提有大量酸臭液体流出；下痢，粪便呈黄绿色或黄白色；有神经症状	食道、腺胃及腺胃和肌胃交界处可见出血带或出血斑，腺胃乳头出血，肠黏膜枣核样出血，盲肠扁桃体出血、坏死	综合防治措施
禽流感	A型流感病毒	各种禽类均可感染，高致病性禽流感发病急，传播快，致死率可达100%	发病突然，羽毛蓬松，食欲废绝，精神极度沉郁，呆立、闭目，对刺激无反应；鸡冠发绀，流泪，头颈部水肿，呼吸高度困难，不断吞咽，口流黏液，叫声沙哑，拉黄白、黄绿或绿色稀粪；后期两腿瘫痪	皮下、浆膜、黏膜及各组织器官广泛出血；输卵管有黏液或干酪样物质或成熟卵子；肠道有大量枣核样坏死；头部水肿；肾脏肿大，有尿酸盐沉积；法氏囊肿大，有大量黏液。低致病性禽流感呼吸道及生殖道有黏液或干酪样物质，输卵管柔软易碎，有成熟卵子堆积	综合防治措施

续表

病名	感染病原	流行特点	主要临床症状	剖检病理变化	防治
传染性支气管炎	传染性支气管炎病毒	只感染鸡，各种年龄均可感染，5周龄内危害严重	沉郁、减食、垂翅、低头、嗜睡，呼吸困难，张口、伸颈、喷嚏、咳嗽、流泪、流鼻涕，气管有啰音，鼻窦及眶下窦肿胀，窒息而死，渐瘦、发育不良	气管和支气管有黏条状或干酪样渗出物，鼻腔及上部气管也可看到浆液或黏液性渗出物，气囊混浊，支气管周围可见局灶性炎症	无特效药物治疗
传染性喉气管炎	传染性喉气管炎病毒	成年鸡易感，传播快，感染率高，死亡率较低	呼吸困难，咳嗽、喘气、打喷嚏，流泪、结膜炎；鼻腔有分泌物，发出啰音，咳出带血黏液，张口呼吸；蹲伏伸颈；鸡冠发紫，拉稀，窒息而死，产蛋下降或停止	喉头及气管肿胀出血，有黏条状分泌物堵塞，有时可见干酪样渗出物或凝血块，产蛋鸡可见卵黄性腹膜炎	疫苗免疫；对症治疗
慢性呼吸道病	鸡毒支原体	雏鸡易感，可经种蛋垂直传播，寒冷季节多发	浆液性或黏液性鼻液，呼吸困难，喷嚏、咳嗽、喘气，呼吸道有啰音，眼部肿胀	鼻道、气管、支气管和气囊有混浊黏稠或干酪样的渗出物，呼吸道黏膜水肿、充血、增厚，伴有肺炎	免疫接种，抗生素治疗

续表

病名	感染病原	流行特点	主要临床症状	剖检病理变化	防治
传染性鼻炎	副鸡嗜血杆菌	青年鸡易感,发病急,传播快,感染率高,死亡率低,病程长	减食、产蛋下降,呼吸困难、咳嗽、喷嚏、张口呼吸、啰音,摇头、流泪、眼睑水肿,眼内即鼻窦内有干酪样物质,双目闭锁,头部肿大	鼻窦腔内有淡黄色干酪样渗出物,有气囊炎、脑炎;卵泡变性、坏死或萎缩	抗生素或磺胺药物治疗
禽霍乱	巴氏杆菌	成年鸡多发,尤其是高产母鸡,多散发	体温 43℃以上,呆立或俯卧,闭目打盹,不食;张口呼吸,不断吞咽、甩头,鸡冠发紫肿胀;拉黄白、绿色稀粪;病程短,病死率 90%以上	败血症,肝脏有针尖大的坏死点,十二指肠出血并充满红色内容物,发生心包炎并积满纤维素性的黄色液体	广谱抗生素有效
曲霉菌病	曲霉菌	各种年龄均可感染,4 周龄以上发病较多,病程较长	急性病禽多俯卧、拒食,呼吸困难,气管有啰音,无明显的“咯咯”声,闭目昏睡,个别有神经症状,成年禽慢性散发	在肺部可见粟粒至黄豆大黄白色或灰黄色结节,中心为干酪样坏死组织,含大量菌丝	注意防霉,抗真菌疗法

 常见引起腹泻症状的鸡病的鉴别诊断

病名	病原	流行特点	主要临床症状	剖检病理变化	防治
鸡白痢	鸡白痢沙门氏菌	2周龄内多见，发病死亡率均高，急性，垂直传播	闭目昏睡，粪便糨糊样，堵在肛门周围；成鸡为慢性，贫血、拉稀，产蛋下降，发生卵黄性腹膜炎而呈“垂腹”	肝、脾和肾脏肿大、充血；卵黄吸收不良，呈奶油状；心肌、肌胃、肺和肠道有白色坏死	检疫淘汰阳性鸡，药敏试验指导用药
禽副伤寒	沙门氏菌	1~2月龄青年鸡多见	主要表现为水泻样下痢	出血性肠炎，盲肠有干酪样物；肝、脾有坏死灶	
鸡伤寒	沙门氏菌	成年鸡多见	排黄绿色稀粪	肝、脾肿大、淤血，肝青铜色，有坏死灶	
大肠杆菌病	大肠杆菌	大小禽类均可感染发病，多与其他疾病并发或继发	沉郁、不食、厌动、呼吸困难、眼炎、呆立、闭目，拉灰白或绿色稀粪。病程3~4天，病死率5%~20%不等	败血症、气囊炎、肝周炎、心包炎、卵黄性腹膜炎、眼炎、关节炎、脐炎、肺炎及肉芽肿	广谱抗生素有效，最好做药敏试验

续表

病名	病原	流行特点	主要临床症状	剖检病理变化	防治
传染性法氏囊病	传染性法氏囊病病毒	只有鸡感染发病，4～6周龄最易感，发病急，死亡快	病初啄肛现象严重，排白色稀粪或蛋清样稀粪，内含细石灰渣样物质，干后呈石灰样	法氏囊肿大、出血、水肿，后期萎缩；肌肉出血，花斑肾，肌胃和腺胃交界处有横向出血点或出血斑	疫苗有效，高免卵黄抗体治疗有效
新城疫	新城疫病毒	各种年龄的易感禽类均可发生，以幼禽易感	精神沉郁，呼吸困难；嗉囊积液。倒提病鸡有大量酸臭液体从口中流出；下痢，粪便稀薄，呈黄绿色或黄白色；神经症状明显	腺胃乳头出血，肠道黏膜有枣核样溃疡，盲肠扁桃体肿大出血、坏死、溃疡	抗体检测，合理免疫，正确选择疫苗
禽霍乱	巴氏杆菌	成年鸡多发，尤其是高产母鸡，多散发	体温43℃以上，呆立或俯卧，闭目打盹，不食；张口呼吸，不断吞咽、甩头，鸡冠发紫肿胀；拉黄白、绿色稀粪；病程短，病死率90%以上	败血症，肝脏有针尖大的坏死点，十二指肠出血并充满红色内容物，发生心包炎并积满纤维素性的黄色液体	广谱抗生素有效

3. 有神经症状的鸡传染病的鉴别诊断

病名	病原	流行特点	主要临床症状	剖检病理变化	防治
脑脊髓炎	禽脑脊髓炎病毒	仅鸡发病，10~12日龄为高发期，经蛋传播	共济失调，伏地或侧卧，头、颈震颤；发病急，发病率低，多数病鸡不死但失明，蛋鸡表现短期、低幅度产蛋下降	无肉眼可见病理变化	检疫淘汰种鸡或接种疫苗
马立克氏病	疱疹病毒	2周龄以内的雏鸡易感，2~4月龄鸡出现临诊症状	特征症状是劈叉姿势，也有跛行、瘫痪，还有垂翅或斜颈，均为不可逆性；消瘦、贫血，体重极轻，羽毛蓬松、干燥、无润泽	外周神经如坐骨神经等肿胀、苍白如水煮样，横纹消失，有大小不同的结节，常一侧重，内脏可见肿瘤	无法治疗，免疫接种
新城疫	新城疫病毒	各种年龄均易感，发病急，传播快，发病率和死亡率极高	精神沉郁，呼吸困难；嗉囊积液且有波动感。倒提病鸡有大量酸臭液体从口中流出；下痢，粪便稀薄，呈黄绿色或黄白色；阵发性勾头转圈神经症状明显	喉头、腺胃乳头、十二指肠、泄殖腔黏膜出血，肠道黏膜有枣核样溃疡，盲肠扁桃体肿大出血、坏死、溃疡；卵子充血、出血	抗体监测，制定合理免疫程序

续表

病名	病原	流行特点	主要临床症状	剖检病理变化	防治
高致病性禽流感	流感病毒	不同品种和日龄的禽类均可感染,发病急、传播快,发病致死率可达100%	突然发病,羽毛蓬松,不食,精神极差,闭目呆立,对刺激无反应,流泪;头颈部水肿、发绀,呼吸困难,不断吞咽,口流黏液,叫声沙哑;拉稀,瘫痪,头颈上下摆动,病程1~3天	头、颈部水肿,皮下各组织器官广泛出血,输卵管有黏液或干酪样物质或鸡蛋;肠道尤其小肠壁有大量黄豆至蚕豆大出血斑或坏死灶(枣核样坏死),盲肠扁桃体和胰脏肿胀、出血、坏死;肾肿大,尿酸盐沉积,法氏囊肿大有黏液	综合性防治措施

引起鸡产蛋下降传染病的鉴别诊断

病名	病原	流行特点	主要临床症状	剖检病理变化	防治
非典型新城疫	新城疫病毒	各种年龄均易感,发病急,传播快,发病率,死亡率较低	下痢,粪便稀薄,轻度呼吸道症状,产蛋明显下降,幅度为10%~30%,软壳蛋增多,蛋壳退色,数月后方可恢复正常	无	抗体监测,制定合理免疫程序

续表

病名	病原	流行特点	主要临床症状	剖检病理变化	防治
传染性支气管炎	冠状病毒	仅见于鸡，不分年龄，但5周龄内雏鸡感染后发病最严重，成鸡产蛋异常	鸡群表现轻度呼吸道症状，主要表现产蛋量明显下降，持续4～8周，产畸形蛋、软壳蛋、粗壳蛋，蛋清变稀呈水样，蛋清和蛋黄分开，产蛋鸡幼龄时感染传染性支气管炎可形成永久性的输卵管损伤，外观健康但不产蛋	很少死亡，输卵管发育不全	无特效药物治疗
产蛋下降综合征	禽腺病毒	只有鸡发病，主要感染开产前后的母鸡，消化道或垂直传播	突出症状是：产蛋突然下降，1周左右可下降20%～50%，蛋色变浅，蛋壳粗糙，产畸形蛋、软壳蛋、薄壳蛋等，可达15%～20%。病程1～3个月，无死亡发生	因无死亡，故无明显病变，剖杀可见生殖道轻微炎症及萎缩性变化	无法治疗，用灭活苗免疫预防
传染性鼻炎	副鸡嗜血杆菌	4周龄以上鸡最易感，发病急，传播快，感染率高，死亡率低	减食，头部肿胀，呼吸困难，咳嗽，喷嚏，张口呼吸，啰音，摇头，流泪，眼睑水肿，眼及窦内有干酪样物质，开产蛋鸡则产蛋明显下降	主要在窦腔有干酪样渗出物，气囊炎、肺炎和卵泡变性坏死或萎缩	多种抗生素和磺胺类有效

续表

病名	病原	流行特点	主要临床症状	剖检病理变化	防治
禽流感	A型禽流感病毒	不同品种和日龄的禽类均可感染，发病急、传播快，高致病性禽流感致死率可达100%	发病突然，羽毛蓬松，食欲废绝，产蛋停止，精神极度沉郁，呆立，闭目，对刺激无反应；冠髯发绀，流泪，头颈部水肿，呼吸高度困难，不断吞咽，口流黏液，叫声沙哑；拉黄白、黄绿或绿色稀粪，后期两腿瘫痪，病程1～3天，致死率可高达100%。低致病性禽流感临诊症状较复杂，表现为不同程度的呼吸道、消化道症状，以产蛋下降为主，很难恢复，很少死亡	皮下、浆膜、黏膜及各组织器官广泛出血，输卵管有黏液或干酪样物质或成熟卵子；肠道尤其小肠壁有大量黄豆至蚕豆大出血斑或坏死灶（枣核样坏死），盲肠扁桃体和胰脏肿胀出血坏死；头颈部水肿，肾肿大，尿酸盐沉积，法氏囊肿大，有黏液。低致病性禽流感呼吸道及生殖道有较多黏液或干酪样物质，输卵管和子宫柔软易碎，有数量不等的成熟卵子	综合性防治措施
传染性喉气管炎	疱疹病毒	成年鸡易感，传播快，感染率高，一般死亡率较低	呼吸困难、张口、伸颈、咳、喘、喷嚏、流泪、结膜炎；鼻腔有分泌物、啰音，咳出带血黏液；鸡冠发紫，拉稀粪，窒息而死，产蛋下降或停止，恢复较慢	喉头和气管肿胀出血，有黏条状分泌物堵塞，有时可见干酪样渗出物或凝血块，产蛋鸡可见卵黄性腹膜炎	弱苗效果不佳，对症治疗

5. 鸡肿瘤性疾病的鉴别诊断

病名	病原	流行特点	主要临床症状	剖检病理变化	防治
马立克氏病	疱疹病毒	2周龄以内的雏鸡易感，2～4月龄鸡出现临诊症状	劈叉姿势，跛行或瘫痪，一侧重、一侧轻，垂翅或斜颈，均为不可逆性；迷走神经受损时则嗉囊肿胀、呼吸困难、腹泻；病程较长者则表现消瘦、贫血，体重极轻，羽毛蓬松、干燥、无润泽，但病鸡精神一般良好	神经型：外周神经如坐骨神经等可见明显肉眼变化，表现肿胀、苍白如水煮样，横纹消失，有大小不同的结节，使神经支变得粗细不均。内脏型：剖开腹腔可见各脏器发生的肿瘤	冻干苗和液氮苗，效果较好
禽白血病	禽白血病/劳氏肉瘤病毒群病毒	鸡是该群病毒中所有病毒的自然宿主，尤以肉鸡最易感，经卵垂直传播是主要传播方式	该病毒群引起的肿瘤种类很多，但总体来看，病鸡无特异性的临诊症状，部分患有肿瘤的鸡表现消瘦，头部苍白，肝部肿大而导致其腹部增大，产蛋量降低	肝肿大，可看到黄豆大的灰白色肿瘤结节，表面扁平或呈圆形，与周围界限明显；脾脏肿大，呈灰棕色或紫红色，表面和切面可见许多灰白色肿瘤病灶；法氏囊肿大，卵巢为灰白色，整体外观呈菜花状	药物治疗及免疫接种的效果不佳，应检疫淘汰阳性种鸡

续表

病名	病原	流行特点	主要临床症状	剖检病理变化	防治
禽网状内皮组织增生症	禽网状内皮组织增生症病毒群	自然宿主众多，鸡和火鸡最易感，尤以鸡胚及新孵出的雏鸡为甚，感染后可引起严重的免疫抑制或免疫耐受；可垂直传播	临诊症状出现迅速，几乎见不到临诊症状即已死亡，病死率高达100%	病禽可见肝、脾肿大，伴有局灶性或弥漫性浸润病理变化	目前尚无特异性防治方法

6. 造成鸡突然死亡的疾病鉴别诊断

病名	病原	流行特点	主要临床症状	剖检病理变化	防治
鸡白痢	鸡白痢沙门氏菌	2周龄内多见，发病率、死亡率均高，急性，垂直传播	精神委靡，绒毛松乱，两翼下垂，缩颈闭目，昏睡，腹泻，呼吸困难，眼盲，肢关节肿胀；发病雏鸡呈最急性者，无临诊症状，迅速死亡	急性死亡者，病理变化不明显	检疫淘汰阳性鸡，药敏试验指导用药

续表

病名	病原	流行特点	主要临床症状	剖检病理变化	防治
新城疫（最急性型）	新城疫病毒	多见于流行初期和雏鸡，发病急，传播快，发病率和死亡率极高	突然发病，常无特征临诊症状而迅速死亡	喉头、腺胃乳头、十二指肠、泄殖腔黏膜出血，肠道黏膜有枣核样溃疡，盲肠扁桃体肿大出血、坏死、溃疡；卵子充血、出血	抗体监测，制定合理免疫程序
禽网状内皮组织增生症	禽网状内皮组织增生症病毒群	自然宿主众多，鸡和火鸡最易感，尤以鸡胚及新孵出的雏鸡为甚，感染后可引起严重的免疫抑制或免疫耐受；可垂直传播	临诊症状出现迅速，几乎见不到临诊症状即已死亡，病死率高达100%	病禽可见肝、脾肿大，伴有局灶性或弥漫性浸润病理变化	目前尚无特异性防治方法
传染性法氏囊病	传染性法氏囊病病毒	只有鸡感染发病，4～6周龄最易感，发病急，死亡快	病初啄肛现象严重，排白色稀粪或蛋清样稀粪，内含细石灰渣样物质，干后呈石灰样	法氏囊肿大、出血、水肿，后期萎缩；肌肉出血，花斑肾，肌胃和腺胃交界处有横向出血点或出血斑	疫苗有效，高免卵黄抗体治疗有效

续表

病名	病原	流行特点	主要临床症状	剖检病理变化	防治
高致病性禽流感	流感病毒	不同品种和日龄的禽类均可感染，发病急，传播快，发病致死率可达100%	突然发病，羽毛蓬松，不食，精神极差，闭目呆立，对刺激无反应，流泪；头颈部水肿、发绀，呼吸困难，不断吞咽，口流黏液，叫声沙哑；拉稀，瘫痪，头颈上下摆动，病程1～3天	头、颈部水肿，皮下各组织器官广泛出血，输卵管有黏液或干酪样物质或鸡蛋；肠道尤其小肠壁有大量黄豆至蚕豆大出血斑或坏死灶（枣核样坏死），盲肠扁桃体和胰脏肿胀、出血、坏死；肾肿大，尿酸盐沉积，法氏囊肿大，有黏液	综合性防治措施